国家出版基金项目
NATIONAL PUBLICATION FOUNDATION

发现中国
印记丛书

天工人巧
日争新

杜卫民　著

U0257175

北京出版集团公司
北京少年儿童出版社

图书在版编目（CIP）数据

天工人巧日争新 / 杜卫民著. — 北京：北京少年
儿童出版社，2019.3
（发现中国印记丛书）
ISBN 978-7-5301-5524-0

Ⅰ．①天… Ⅱ．①杜… Ⅲ．①科学技术—技术史—中
国—青少年读物 Ⅳ．①N092-49

中国版本图书馆CIP数据核字(2018)第234600号

发现中国印记丛书
天工人巧日争新
TIANGONG REN QIAO RI ZHENG XIN
杜卫民　著

*

北 京 出 版 集 团 公 司
北 京 少 年 儿 童 出 版 社　　出版
（北京北三环中路6号）
邮政编码：100120

网址：www.bph.com.cn
北 京 出 版 集 团 公 司 总 发 行
新 华 书 店 经 销
北京瑞禾彩色印刷有限公司印刷

*

787毫米×1092毫米　16开本　9.75印张　117千字
2019年3月第1版　2019年3月第1次印刷
ISBN 978-7-5301-5524-0
定价：35.00元
如有印装质量问题，由本社负责调换
质量监督电话：010-58572393

前言

发现中国印记丛书

中华文明博大精深，源远流长。我国丰富的文物资源就是这一光辉历史的见证。文物是历史文化的积淀，是一个民族独立于世、长存于世的标志。我们通过系统研究祖先留下的珍贵文化遗产能够知道：我们是谁，我们从哪里来。这样，我们才不会迷失自己。

无声的文物携带着丰富的物质文化信息，是我们了解已经消逝的古代社会的一把钥匙。大量珍贵文物记录了不同时代的物质文化和科技发展，展现了我国古代工匠的卓越智慧和高超技艺。

有关机构曾对北京市某区域中小学传统文化教育现状进行了抽样调查。调查结果显示，大多数学生对传统文化的了解只停留在知晓阶段，并不深入。对于包括中国古代建筑、瓷器、地方特色浓郁的小剧种等在内的传统文化种类，多数学生并不了解。

振兴国家，复兴民族，实现伟大的中国梦，离不开雄厚的物质基础，也需要传统文化的滋养启迪和精神支撑。鉴于此，我们推出"发现中国印记丛书"，旨在为广大青少年读者营造一座"纸上博物馆"，生动讲述一件件文物背后的故事，向世界展示中华优秀传统文化。青少年读者可以在这座沉淀着美和时光的"纸上博物馆"中，深入了解中华文化的不同面貌，领悟中华传统文化的思想精华和道德精髓，从而更深刻地了解中华优秀传统文化，增强民族自信心和民族自豪感。

丛书按主题分为陶瓷、书法（上下册）、建筑、科技、绘画、兵器、中医8本，这些主题具有鲜明的民族特色，历史悠久，内涵博大精深。作者说文物，讲故事，化艰深为平易，带领读者走进文物背后的历史。相信通过阅读，每一位青少年读者都会大开眼界，惊叹于中华文化的光辉灿烂，从中汲取优质养分，提高审美能力，塑造完美人格，提升精神境界。

开卷有益。我们相信，"发现中国印记丛书"将引领青少年读者走进中华传统文化的殿堂，成长为中华文明的守护者和传承者。

编者

2019.3

自序

天工人巧日争新

　　我国是世界文明古国，我国古代科学技术取得了光辉成就，其中对于人类贡献最大、影响深远而为中外皆知者是指南针、造纸术、火药、印刷术四大发明。我国历代有许多杰出的科学家和发明家，在农业与水利、天文历算、数学计量、机械物理、化工、军事、交通工具、冶金铸造、纺织、造纸与印刷、医药卫生等各个方面都有开创性的成就，造福了全人类。

　　早在周朝，我国就有了全面论述手工业技术的专著——《考工记》。这部书篇幅并不长，但科技信息含量相当大，记述了木工、金工、皮革工、染色工、玉工、陶工等六大类30个工种，其中6种已失传，后又衍生出1种，实存25个工种的内容。内容涉及先秦时代的车辆制造、

冶金铸造、染织、建筑、水利等手工业技术，还涉及天文、生物、数学、物理、化学等自然科学知识。

明朝文渊阁大学士徐光启（1562—1633年）早年师从耶稣会传教士利玛窦等学习西方数学、天文、水利、地理、枪炮制造等科技，和利玛窦共同译成《几何原本》一书。他精通天文历法，是明末历法改进的主要主持人。他对农学也颇有研究，曾根据前人所著各种农书，附以自己的见解，编写了著名的《农政全书》。他还是一位军事家，面对后金的威胁，他主张加强国防练兵，并强调要发展枪炮制造。他撰写了《形名条格》(列阵方法)、《火攻要略》、《制火药法》等。为纪念这位热爱祖国的科学家，人们将他的家乡——上海法华汇改名为徐家汇。

明朝科学家宋应星（1587—？）写成的《天工开物》对中国古代农业、手工业的各项技术进行了系统的总结，收录诸如机械、砖瓦、陶瓷、硫黄、烛、纸、兵器、火药、纺织、染色、制盐、采煤、榨油等生产技术，构成了一个完整的科学技术体系。该书问世后，先后被译成日本、英国、法国、德国等国文字流传，并获得高度评价，被称为"中国17世纪的工艺百科全书"。

中国古代科学，让我们感受到祖先对待科学的严谨态度和求真务实的科学精神，他们在各自的研究领域不断突破自我，创造了中国和世界科技史上的辉煌成就，给我们留下了一笔宝贵的物质财富，同时，祖先留下的宝贵精神财富在今天一样具有重要的指导意义。让我们从祖先手中继续传递华夏文明的圣火，为实现中华民族伟大复兴的中国梦不懈奋斗。

目录

天工人巧日争新

古代农业和水利

　　中国自古就是一个农业大国，中华民族的祖先在遥远的史前时期，就大范围地在这片富饶美丽的土地上劳动、生息繁衍，用辛勤的汗水浇灌出了农业生产的累累硕果，所以我们才拥有了世界上最丰富的美食。水利是农业的命脉。除了灌溉、排涝、防洪、航运和城镇供水等需求外，人们还采取各种措施，对自然界的水和水域进行控制和调配，如修建水利工程。

概述

　　台北故宫博物院收藏的宋徽宗《文会图》，画的是宋徽宗在花园中举行宴会的场景。宽大的桌案东北角上坐的应该就是宋徽宗，一个臣仆正在与他耳语。最吸引人的是桌案上摆满了盘盏，除了鲜花和堆成浮屠状的果品，还有各种美食。

　　中国是著名的美食国度。明代来华的耶稣会传教士利玛窦在其著作中写道："世界上没有别的地方在单独一个国家的范围内可以发现有这么多品种的动植物。中国气候条件的广大幅度，可以生长种类繁多的蔬菜——凡是人们

为了维持生存和幸福所需的东西，衣食无论是奇巧与奢侈，在这个王国的境内都有丰富的出产，无需由外国进口。"

【名称】宋徽宗《文会图》局部
【年代】宋代
【现状】台北故宫博物院藏

我国位于亚洲大陆的东部，陆地面积约960万平方公里。东南临海，是冲积平原和丘陵，属于季风气候；西北深入大陆腹地，是黄土高原、青藏高原和帕米尔高原，属于大陆性气候。从北到南，可以将我国划分为寒温带、中温带、暖温带、亚热带、热带，还有一个青藏高原区，地理以及气候条件有较大差异，因此我国具有丰富的植物、动物品种资源。

中国国家博物馆收藏有宋代的《耕织图》。我们这个民族在农业技术上有着优良的传统，专门指导人们进行农业实践的古农书有数百种之多。这些书中最有名的是北魏贾思勰的《齐民要术》和明代徐光启的《农政全书》，这两

【名称】《耕织图》局部
【年代】宋代
【现状】中国国家博物馆藏

本书被誉为"古代世界最完备的农业百科全书"。至于民间的"农谚",更是简练生动,家喻户晓,广为流传,充分反映了古代农业生产经验积累之丰富和普及之广泛。

中国是水稻、大豆、粟、黍等重要粮食作物的栽培起源地,也是多种果树、蔬菜、花卉、药材和茶树等经济作物的故乡。中国人早在原始社会时期就明白将食物进行转化的道理,出现了将粮食加工成酒的技术,此后加工的种类和方法慢慢增多,形成了粮食、油料、糖料、茶叶、果蔬、鱼肉、乳类、蛋类等的各种加工方法,加工技术之发达,加工种类之繁多,为古代世界所仅见。

推磨

春粮

擀面

簸糠

烙饼

【名称】泥塑粮食加工俑
【年代】唐代
【现状】新疆维吾尔自治区博物馆藏

　　火是人类文明的开始，人类文明的发展离不开对火的运用。火可以用来照明、制作更卫生和容易消化的熟食、在冬天取暖、驱赶野兽等，这些对火的使用都提高了人类在自然界中的生存概率。云南元谋人遗址（今云南元谋大那乌村）中发现的大量炭屑和西侯度遗址（今山西芮城西侯度村）中发现的大量烧骨证明，早在约170万年前，我们的祖先就懂得了用火并制作熟食。

　　浙江余姚河姆渡遗址证明，早在约7000年前，我国已经有了人工栽培的稻谷；此外，这里还出土了一件小陶猪，此陶猪的形态与野猪不同，应是人工饲养驯化的结果，说明我国养猪的历史已有约7000年。在陕西西安半坡遗址中，发现了约6000年前的粟和白菜或芥菜的种子，这些都有力地证明了我国原始社会已有农畜业。

　　1977年发现于河南新郑市裴李岗的文化遗址，是新石器早期文化的代表。在出土的石器中，发现了带锯齿的石镰、长条形舌形刃的石铲、带四个柱状足的石磨盘和擀面杖式样的磨棒等一系列农作物生产和加工的工具。这些工具说明，在有了相对稳定的食物来源以后，人们对饮食的加工逐渐讲究起来，在保证营养的同时，尽可能地去改善食物的口感，比如说用石磨把粟磨成面，用木杵把稻谷去皮，这样不就能吃得更细一点、更好一点吗？

　　春秋战国时期，由于铸造技术的发展和铁农具的大力推广，结实耐用的铁制农具取代了原始的木、石材料农具，从而使农业生产力有了质的飞跃。战国时期的农具绝大多数是在木器上套一个铁制的锋刃，这就比过去的木、石质农具大大提高了生产效率。从考古出土的实物看，当时使用V字形的铁犁铧，有利于减少耕地时的阻力；铁锸可增加翻土深度；铁耨则可有效地用

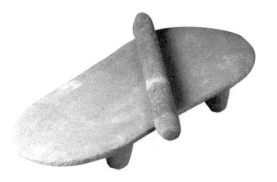

【名称】石磨盘与石磨棒　　　　　　　【名称】铁犁铧
【年代】新石器时代　　　　　　　　　【年代】汉代
【现状】中国国家博物馆藏　　　　　　【现状】中国国家博物馆藏

于除草、松土、覆土和培土。铁器比起木耜、石锄、蚌镰来，可以大大提高劳动效率，这就为大面积开垦荒地、深耕细作、扩大水利灌溉面积创造了条件。同时，随着铁农具的使用，牛耕逐渐推广。此外，这一时期推广的连枷，是一种有效的打谷农具，可以用来给谷物脱壳，不仅广泛流行于全国大部分地区，而且被后世沿用。

春秋战国时期，由于铁农具的普遍使用，水利灌溉事业的发展，以及耕作方法的进步，农业产量有了较大的提高，最好的年成能增产4倍。

西汉时期，传统农具已进入成熟时期。我们从汉代遗留的画像砖上能够看到许多与农业生产加工相关的内容。像铁犁、耧车、风扇车等，在18世纪传到欧洲后，对西方农业革命起了重大作用。除加工粮食外，有些工具还广泛用于捶纸浆、碎矿石等。这些农业机械的发明，比西欧领先1000多年。这也表明中华民族在生产上是勇于改革、善于创造的。耕地播种机械的发明使粮食大幅增产，这大大促进了粮食加工机械的改变，原来用人力操作杵臼加工粮食的方法不能满足大量加工的需求，于是西汉劳动人民又发明了利用杠杆原理和身体

【名称】彩绘耕地画像砖
【年代】汉代
【现状】中国国家博物馆藏

部分重量的踏碓、以水流为动力的水碓。西晋权贵王戎、石崇各有水碓三四十座。水碓的传动方式是由水流冲动立式水轮，轮轴上的短横木拨动碓梢，碓头即一起一落舂捣。王祯引旧说，谓晋杜预"作连机碓"，一个水轮可带动几个或十几个碓。还有一种称作懒碓（或槽碓）的装置，碓梢为一能容二三十斤（1斤=0.5公斤）水的碗形容器，引水注入碗内，碗中注满水时即将碓头压起，同时碗中水也泄空，碓头随之落下，成为一舂，如此循环往复，这就是早期的自动舂米装置。风扇车等工具的发明，也大大提高了粮食加工效率。

汉武帝时，一个叫赵过的人发明了耧车，有一腿耧至七腿耧多种，以两腿耧播种较均匀，可用来播种大麦、小麦、大豆、高粱等。播种时，一人在前面牵牛拉着耧车，一人在后面手扶耧车播种，一天就能播种一顷（1顷≈0.067平方公里）地，大大提高了播种效率，用相同的时间可以种

【名称】耧车模型
【年代】现代
【现状】中国国家博物馆藏

植更大面积的农作物，粮食产量自然大幅度提高。

为了能够提高灌溉的效率，从汉代开始，各种翻车被发明出来，最具代表性的是龙骨车。龙骨车就是将连串的活节木板装入水槽中，上面辅以横轴，依靠人力踏转或利用畜力转动，将河水随板导入田中。为了能够适应不同地形的灌溉需求，唐宋时期出现了筒车。筒车是以流动的水源作为动力，利用湍急的水流转动车轮，使装在车轮上的水筒提水上岸来进行灌溉，可以做到低水高送，提高了灌

【名称】龙骨车模型
【年代】现代
【现状】中国国家博物馆藏

溉的功效。

满城汉墓（西汉中山靖王刘胜与其妻窦绾之墓，位于河北满城）中的一个由石磨和大型铜漏斗组成的铜石复合磨，是我国至今所见体积最大、年代最早、设计科学、构思奇妙的铜石复合粮食加工工具。水磨，魏晋南北朝时期已见记载，又称水

【名称】郭忠恕《龙骨车图》
【年代】五代
【现状】日本东京国立博物馆藏

碓。6世纪初，仅洛阳谷水上就有水磨数十座。元代的《王祯农书》对水磨的传动方式有详细记载，它的水力传动部分有卧轮式和立轮式两种。一个立轮带两磨的称为"立轮连两磨"。最多的有一个立轮带动三个齿轮，每一个齿轮带动一盘大磨，大磨再各带动两盘小磨，合计一个立轮带九盘磨，称为"水转连磨"。还有两船并立，中间安置立轮，两船各置一磨者，称"活法磨"，唐代又称"浮硙"，后代又叫"船硙"。

唐宋时期，水磨已很发达，除磨面外，还用来磨茶。北宋专设水磨务，隶属于司农寺。古代水碓、水碾的传动装置与水磨类似。碓是用来去除谷壳者，碓的上盘比磨轻，可与磨互换，多为木石材质。碾有碾盘，是用来碾细

米、去除米糠者。一个水力装置同时带动磨、砻、碾者，王祯称它为"水轮三事"。唐宋时期，水碾、水磨极普遍。唐中期，郑白渠上有许多碾、硙，大历十三年（778年），因妨碍灌溉，曾一次拆毁八十几座。天宝时（742—756年），长安西北沣河上曾立五轮水碾。

上海博物馆收藏着卫贤的画作《闸口盘车图》。卫贤是五代南唐的画家，长安（今陕西西安）人，南唐后主李煜时为内供奉。《闸口盘车图》描绘的是闸口旁的一个官营磨面作坊，堂屋内安放水磨，望亭置于堂屋两端，河上两艘篷船，运粮引渡。图中酒楼、车船、木桥、人物穿插，劳动者忙着磨面、扛粮、扬簸、净淘、挑水、引渡、赶车，官吏们则正在查点、饮酒。

清朝康熙皇帝十分重视农业生产。他奖励垦荒屯田，兴修水利，多次减免租税。他得知越南等地的双季稻产量很高，一年

【名称】卫贤《闸口盘车图》
【年代】五代
【现状】上海博物馆藏

所产足够4年之用，于是亲自在中南海的丰泽园与西郊的畅春园试种。取得成功后，康熙皇帝下旨在江南大力推广双季稻，获得较好的收成。由于南方多熟种植的推广，每年国家可增产粮食60多亿公斤，做到了"苏湖熟，天下足""五年耕而余二年之食"。康熙皇帝还命全国大力推广种植自南洋传入的原产于美洲的玉米、番薯、马铃薯等高产作物。

康熙二十八年（1689年），南巡时，江南士子进献藏书，其中有一套《耕织图》拓本。这套《耕织图》原作于南宋绍兴年间。於潜县令楼璹，跑遍於潜县治12乡，深入田间地头，与当地有经验的农夫、蚕妇研讨种田、植桑、织帛等技术，绘制了一套农业生产的图像，为研究农业，特别是农具留下

清朝康熙皇帝画像

了无法从文字资料中得到的珍贵资料。南宋嘉定三年（1210年），楼璹之孙楼洪、楼深等以石刻之，传于后世。

康熙见此图后，大为感慨、赞赏并深受启发，传命内廷供奉画家焦秉贞在此图的基础上，重新绘制，计有《耕图》和《织图》各23幅。其中，《耕图》的内容有：浸种、耕、耙耨、耖、碌碡、布秧、初秧、淤荫、拔秧、插秧、一耘、二耘、三耘、灌溉、收刈、登场、持穗、舂碓、筛、簸扬、砻、入

仓、祭神。《织图》的内容有：浴蚕、二眠、
三眠、大起、捉绩、分箔、采桑、上簇、炙
箔、下簇、择茧、窖茧、练丝、蚕蛾、祀谢、

【名称】《耕织图》局部
【年代】清代
【现状】台北故宫博物院藏

纬、织、络丝、经、染色、攀花、剪帛、成衣。每幅都附有康熙皇帝的七言
绝句及序文。

　　明朝中晚期，中国人口数在1.2亿～2亿。但由于明末清初的战争，在
清初，人口数为1亿左右。清朝中期，人口快速增长。乾隆二十七年（1762
年），中国人口数突破2亿。乾隆五十五年（1790年），中国人口数突破3亿。

我国古代有很多闻名世界的水利工程，这些工程规模大、设计水平高，对发展农业、加快物资流转、促进社会经济繁荣具有重要作用。

大禹治水

水利工程的经典案例早在上古时期就出现了。相传在尧帝的时候，黄河经常发洪水，尧帝命一个叫鲧的人治理黄河。鲧采用筑堤坝的方法来防洪水，9年都没有成功，被流放到羽山而死。舜帝继位以后，任用鲧的儿子大禹继续治水。大禹吸取父亲治水的教训，改"围堵"为"疏导"，就是利用"水往低处流"的自然趋势，把洪水引入疏通的河道、洼地或湖泊，最终导入大海，从而平息了水患，立下了大功，使百姓得以居住和进行农业生产。在治理水患的

《大禹治水图》

时候，大禹借助了自己发明的原始测量工具——准绳和规矩，走遍各地，疏通水道，使河水畅通无阻。

大禹在外奔波治水的13年间，有3次路过家门而不入，连自己刚出生的孩子都来不及照顾，无法尽做父亲的责任。他不畏艰苦，治水时身先士卒，腿上的汗毛都在劳动中被磨光了。因为治水有功，在大家的推举下，舜帝传位给大禹，大禹也就成了夏朝的第一代君王。根据治河过程中的经验，大禹把全国划分为九州，列出各州的山川湖泽、通航河道、土壤种类、农田等级以及特产等，著录成书。

都江堰

自大禹治水以来，历代都出现了不少水利专家和水利设施。比如，秦国修建了郑国渠；魏国的西门豹率领民众开凿12条渠，引黄河水来灌溉农田。《考工记》《淮南子》等著作，记有灌溉水质、地下水埋深、水流理论、渠系设计、测量方法、施工组织及管理维修等知识。

要说哪项古代水利工程在中国家喻户晓，很多人都会说出都江堰的名

字。确实，中国历史上最伟大的水利工程就是都江堰。

都江堰是中国古代建设并沿用至今的大型水利工程，它位于四川省都江堰市西北，岷江上游340公里处，是秦国蜀郡守李冰及其子于周赧王五十九年（公元前256年）到秦昭王五十六年（公元前251年）主持始建的。经过历代整修，2000多年后，都江堰依然发挥着巨大的作用。都江堰水利工程以引水灌溉为主，兼有防洪排沙、水运、城市供水等综合效用，它灌溉的成都平原是闻名天下的"天府之国"。2000年，都江堰凭借"当今世界年代久远、唯一留存、以无坝引水为特征的宏大水利工程"的殊荣，被列入《世界遗产名录》。

南北大运河

南北大运河的修建是一项巨大的工程，它是分段修成的。

隋大业元年（605年），开始挖掘从洛阳到山阳（今江苏淮安）的通济渠，然后再疏通、加宽从山阳到扬子（今江苏扬州南）的山阳渎（即春秋时的邗沟故道）。大业四年（608年），挖通由洛阳北上到涿郡（今北京）的永济渠。大业六年（610年），由京口（今江苏镇江）开江南河到余杭（今浙江

都江堰

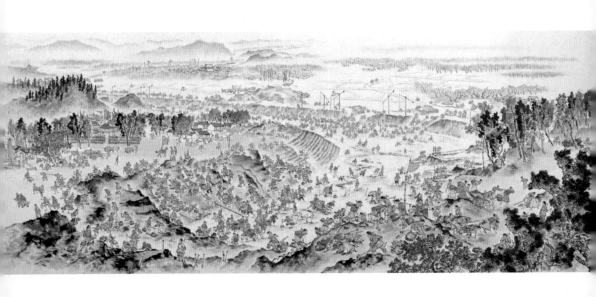

《大运河修建图》

杭州）。6年间，南起余杭，中经江都（今江苏扬州）、洛

阳，北达涿郡，全长4000多里（1里=0.5公里），连接钱塘

江、长江、淮河、黄河、海河五大水系，成为南北交通运输的大动脉。它对于巩固统一的政治局面，密切南北经济文化交流，促进沿河城市商业繁荣，都起到了积极作用。大运河是我国古代劳动人民改造自然的伟大成果。但是，隋朝统治者为完成这项工程，征发了数百万劳动力，役使民力非常残酷，给人民带来了无穷灾难。所以，大运河也是劳动人民血泪的结晶。

中国大运河由南北大运河、京杭大运河、浙东运河三部分组成，是中国乃至世界上最长的运河，也是世界上开凿最早、规模最大的运河。

2014年6月22日，中国大运河被列入《世界遗产名录》。

天文历法

　　历法与天文学的发展是紧密联系的，天文学是历法的基础。中国是世界上最早产生天文学的国家之一，也是最早有历法的国家之一。在人类早期的文明中，天文学有着非常重要的地位。古时候，人们通过观察太阳、月亮、星星来确定时间和方向，并通过天象进行占卜，预测凶吉祸福、自然灾害、战争的输赢，以及个人的命运。由此制定出历法，用于指导农业生产。

古代天文学

　　《春秋》一书中记载了丰富的天文资料。从鲁隐公元年（公元前722年）到鲁哀公十四年（公元前481年）的242年中，一共记录了37次日食，现在已证明其中的32次准确可靠。《春秋》中还记载了鲁庄公七年（公元前687年），"夏四月辛卯，夜，恒星不见。夜中，星陨如雨。"这是对流星雨的最早记录。《汉书·五行志》上的太阳黑子记录，比欧洲早了800多年。自春秋至清初，我国有约1000次日食记录，约900次月食记录，60多颗新星和超新星记录，300多次极光记录。世界上最早的星表出自战国时期的甘德和石申两人之手，他们各自记录了数百颗恒星的方位。公元前3—前2世纪的行星观测已经能够非常精确地得出木星、土星和金星的位置表，以及它们的会合周期。

"五星出东方利中国"

1995年，一支国际联合考古队在我国新疆沙漠中发掘出消失了近两千年的古精绝国国王和王妃墓。保存完好的国王干尸手臂处有一幅色彩斑斓的织锦。锦上除了云气纹虎、避邪草龙、朱雀大鸟和代表日月的红白圆圈纹饰外，还织出了"五星出东方利中国"8个字，即使历经近两千年，仍然光彩夺目。

【名称】"五星出东方利中国"织锦
【年代】汉代
【现状】新疆维吾尔自治区博物馆藏

东汉时代（25—220年），中国出现了一位多才多艺的伟大科学家，他就是张衡。

张衡虽然出生在一个贫寒之家，但年幼的他不仅好学而且天资聪慧，十几岁时就已经积累了相当丰富的知识。永元六年（94年），张衡胸怀远大的政治抱负，离开家乡，开始游历名都大邑，求师问业。他曾游学三辅，入京师，观太学，诵五经，贯六艺，18岁便写成了第一篇文学作品——《温泉赋》。张衡23岁时，受聘于南阳郡太守鲍德门下当主簿。他写的著名的《二京赋》（即《西京赋》《东京赋》），讽刺"天下承平日久，自王侯以下，莫不逾侈"的不良风气，表达了对当时社会长期太平无事，从王侯到下边的官吏过度奢侈的不满，并淋漓尽致地描绘出名都故城的繁荣场面，表现了他在文学方面的较高成就。

永初四年（110年），张衡由鲍德举荐，进京做了郎中，在元初二年（115年），又调升太史令，掌管天文、历法、预报天象气候。

元初四年（117年），张衡创造了世界上第一架利用铜壶滴漏带动的浑天仪。浑天仪，是中国古代一种模仿天体运行的仪器，它分内外两圈，可以转动，上面刻有南北极和赤道、黄道、二十四节气以及日月星辰等，日月星辰的位置和出没情况与宇宙间的情形完全一致。张衡还著有《浑天仪注》，在这本书中，他坚持科学的浑天说，反对盖天说。他认为天不是一个半球，而是一整个圆球，地球在其中，就好像鸡蛋黄在鸡蛋的内部一样；全天恒星都布于一个"天球"上，而日月五星则附于"天球"上运行，这与现代天文学的天球概念十分接近。因为浑天说采用球面坐标系，如赤道坐标系，来量度天体的位置，计量天体的运动，所以浑天说不仅是一种宇宙学说，还是一种观察和测量天体运动的计算体系，和现代的球面天文学相似。

　　阳嘉元年（132年），张衡创造了候风地动仪，它是中国古代用来侦测地震的仪器，也是世界上最早的地震仪，但是已经毁于东汉末年的战乱。我们现在看到的候风地动仪，是由各国的考古学家们根据资料记载并结合现代科学知识做出的复原模型。候风地动仪是以精铜铸造的，状似酒樽，四周镶有八条

【名称】张衡候风地动仪复原模型

【年代】现代

【现状】中国国家博物馆藏

龙，龙头对着东、南、西、北及东北、东南、西北、西南8个方向，龙嘴各衔铜丸一个，每个龙头下面各蹲一只青蛙。如果地震，发生地震的方向的龙嘴会自动张开，铜丸随之滚出，落入青蛙嘴中，工作人员便可立刻记下地震的时间和方向。

张衡创造发明了记里鼓车、指南车、测影土圭等，撰写了《灵宪》一书，使用赤道、黄道、南极、北极等名词，并画出我国第一张完备的星图，共有2500颗恒星。张衡还有《算网论》以及30多篇科学、哲学和文学方面的著作，他在历法、算学、哲学以及文学艺术上对后世都有很大贡献。为了纪念张衡在科技方面的卓越贡献，国际天文学家把月球背面的一座环形山命名为"张衡环形山"。

《五星及二十八宿神形图》

《五星及二十八宿神形图》绘有五星及二十八宿神形象。五星即金星、木星、水星、火星、土星。二十八宿最初是古人为比较日、月、五星的运动而选择的二十八个星官，作为观测时的标志。此图绘出了想象中的星宿形象，现仅存五星和十二宿图。据推测，此图应为原作之上卷。每星、宿一图，或作女像，或作老人，或作少年，或兽首人身。每图前有篆书说明。《五星及二十八宿神形图》曾藏于宋宣和内府，清中期为安岐所藏，清末归完颜景贤，后流入日本，现藏于日本大阪市立美术馆。

梁令瓒与僧一行和尚是唐代卓有成就的天文历法家，在天文科技上为世人做出了相当大的贡献。

开元九年（721年），唐玄宗命僧一行编修新历。僧一行在主持改编历法过程中，通过实际观测，发现了恒星移动的现象。开元十二年（724年），僧一行通过大地测量的方法，实际计算出了子午线一度之长。这是世界上第一次测量子午线的实践。

开元十一年（723年），僧一行和梁令瓒主持铸造黄道游仪，经过2年多的努力完成。梁令瓒和僧一行还合作制造了一件新装置，叫水运浑天仪，不但可以演示天象，还可以自动报时，开创了中国独特的天文钟的先例。

【名称】梁令瓒《五星及二十八宿神形图》局部
【年代】唐代
【现状】日本大阪市立美术馆藏

水运仪象台

水运仪象台是宋元祐三年（1088年），大科学家、刑部尚书苏颂在水运浑天仪的基础上，复制并改进制造的最完备的自动化、机械化天文演示装置。它是一个大型的天文仪器，高约12米，宽约7米，分上中下3层：上层是浑仪，用来进行天体测量；中层是浑象，用于天体运行演示；下层的司辰是自动报时器。它是集观测天象、演示天象、计量时间和报告时刻多种功能于一体的综合性观测仪器，实际上就是一座小型的天文台。这台仪器的制造水平堪称一绝，充分体现了中国古代劳动人民的聪明才智和富于创造的精神。水运仪象台在运转过程中全程用水力推动，可精确报时，李约瑟就曾经指出这是欧洲天文钟的直接祖先。在靖康之祸（1126—1127年）时，金兵将水运仪象台原件掠往燕京（今北京），置于司天台。金朝贞祐二年（1214年），金迁都开封，因为不便运输，所以将水运仪象台丢弃。但是当时南宋因为没有人能理解苏携（苏颂第六子）保存的水运仪象台手稿的内容，故无人能仿造。直到1958年，中国古代科技史学家王振铎最先复原了水运仪象台的模型，该复原件现存放于中国国家博物馆。

【名称】水运仪象台模型
【年代】现代
【现状】中国国家博物馆藏

古观象台

在河南省登封市东南部的告成镇有个测景台，它是我国现存最早的天文观测建筑。告成镇古时称为阳城，相传周公就曾在这里测验日影，故又称周公测景台，此后这里一直用来观测天象并一直延续到汉唐时期。

测景台以北20米处是观星台，建于元代至元十六年（1279年），由著名的天文学家、数学家、水利专家郭守敬和天文学家、数学家王恂建造。1961年3月4日，观星台被国务院公布为第一批全国重点文物保护单位。

北京古观象台位于北京市东南隅旧城角楼以北（今建国门立交桥西南角），也是王恂和郭守敬于至元十六年建造的，他们还制作了浑仪、简仪、圭表、浑象等观测仪器。元末明初，迫于战火，这些设备全部被运往南京的鸡鸣山观星台。明永乐十九年（1421年），明成祖迁都北京后，设备依然留在南京。正统四年（1439年）至七年（1442年），钦天监监正皇甫仲和依照南京的设备，开始复制浑仪、简仪、圭表、浑象等仪器。崇祯二年（1629年）至八年（1635年），徐光启、李天经等人先后制作了一大批天文仪器，包括纪限仪、平悬浑仪、平面日晷、转盘星晷、候时钟、望远镜、交食仪、列宿经纬天球、万国经纬地球、沙漏等都被安放在了台上。

清康熙八年（1669年）至十二年（1673年），比利时传教士南怀仁按西方天文学的度量制和仪器结构，在明代仪器的基础上督造了黄道经纬仪、赤道经纬仪、地平经仪、象限仪（地平纬仪）、纪限仪（距度仪）、天体仪等大型新仪放置台上，原有的仪器则被移往台下。康熙五十二年（1713年）至五十四年（1715年），法国耶稣会传教士纪理安又设计制造了地平经纬仪。这时由于设备增多，场地显得不足，因此将观象台向东延伸5米，并重新安排了仪器的位置。乾隆九年（1744年）至十九年（1754年），皇帝下令仿照古代浑仪并采用新刻度制造了玑衡抚辰仪，这是清代铸造的最后一件大型天文仪器。

光绪二十六年（1900年），八国联军攻占北京，观象台所在的内城东南属于德国占领区。八国联军总司令、德国元帅瓦德西参观古观象台后决定将台上的天文仪器作为战利品运回德国。他在联军占领军军事会议上提出观象台的古天文仪器是德军的战利品，引起法军不满。法军统帅优依隆提出，观象台中有的仪器是在法国制造的，因此法国应该获得一部分。经过争执，两国占领军决定平分古观象台的仪器，德国有优先挑选权。最后的商议结果是，明代浑仪，清代天体仪、玑衡抚辰仪、地平经仪和纪限仪归德国；明代简仪，清代地平经纬仪、黄道经纬仪、赤道经纬仪和象限仪归法国。法国获得的5件仪器一直存放于使馆中，后迫于公众舆论，在光绪二十八年（1902年）归还中国。德国获得的5件仪器于光绪二十七年（1901年）运往德国，按照德国皇帝威廉二世的命令，于光绪二十八年（1902年）安置在波茨坦皇家花园。第一次世界大

北京古观象台

战之后，依据《凡尔赛条约》第131条的规定，这些天文仪器也于1920年6月归还中国，于1921年4月运抵北京。

古代历法

中国古代很早就有历法并且一直沿用至今，这就是农历。历法相传为黄帝时创制，故原称为"黄历"。中国古代农业气象科学技术在世界农业气象发展史中占有重要地位，它的发展过程既与中国古代农学和气象学有关，也和中国古代天文学有一定的渊源。

先秦时期，即秦统一中国以前，可视为农业气象科学技术形成的初期阶段。原始农业参照自然物候变化确定农时，依据天文、气候现象划分季节、节气。经过农业生产的长期实践，逐步形成了"春播、夏耘、秋收、冬藏"的概念。殷墟出土的甲骨文中就有有关农时和天气现象的记载。古代把发布农时当作一件大事，皇帝亲自主持仪式，延误农时的人要受惩罚。《尚书·尧典》《诗经·七月》《夏小正》等著作都涉及以物候定农时的内容。

《尚书·尧典》写道："乃命羲和，钦若昊天，历象日月星辰，敬授人时。"这说明在传说中的帝尧（约公元前24世纪）的时候，已经有了专职的天文官，从事观象授时。《尚书·尧典》紧接着写道："分命羲仲，宅嵎夷，曰旸谷，寅宾出日，平秩东作。"这段话的意思是，羲仲在嵎夷旸谷之地，专事祭祀日出，以利农耕。山东古为东夷之域，莒县、诸城又处滨海之地，正是在这里发现了祭天的礼器和反映农事天象的原始文字，这与《尚书·尧典》所载正可相互印证。《尚书·尧典》还写道：一年有366天，分为四季，用闰月来调整月份和季节。这些都是中国历法（阴历）的基本内容。《尚书·尧典》

中有"日中星鸟，以殷仲春""日永星火，以正仲夏""宵中星虚，以殷仲秋""日短星昴，以正仲冬"4句话，说的是根据黄昏时从南方天空看到的不同恒星，来划分季节。这里提到的只有仲春、仲夏、仲秋和仲冬4个季节。

《夏小正》是中国现存最早的一部农事历书，所以中国传统历法又称为夏历。民国时期，孙中山宣布采用西欧历法（格里历）。中华人民共和国成立以后，以格里历为公历，夏历改称"农历"。我们都会背的《二十四节气歌》，还有春节、元宵节、端午节、中秋节、重阳节等这些传统节日，都是农历历法的内容。春秋时期，已经采用圭表测日影的方法来确定节气的日期。一开始只有夏至、冬至两个节气，然后有了春分、秋分，之后又定出立春、立夏、立秋、立冬，最终发展为8个节气。战国以后，农业发展迅速，耕作日趋精细，掌握农时被看作农耕之本，从而对农时的划分提出了更严格的要求。从秦统一中国到汉代末年，农业气象科学技术的主要成就是二十四节气、七十二候的形成，它基本反映了黄河中下游的农业气候，为中国古代农业气象科学技术的发展奠定了基础。汉代《淮南子·天文训》中已有二十四节气的完整记载：

春雨惊春清谷天，夏满芒夏暑相连。

秋处露秋寒霜降，冬雪雪冬小大寒。

二十四节气是中国古代订立的一种用来指导农事的补充历法，是汉族劳动人民长期经验的积累和智慧的结晶。

地球每365天5时48分46秒（精确）围绕太阳公转一周，每24小时还要自转一周。由于地球旋转的轨道面同赤道面不是一致的，而是保持一定的倾斜，所以一年四季太阳光直射到地球的位置是不同的。以北半球来讲，太阳直射在北纬23°26'时，天文上就称为夏至；太阳直射在南纬23°26'时，称为冬至。夏至和冬至即指已经到了夏、冬两季的中间了。一年中太阳两次直射在赤道上时，就分别为春分和秋分，这也就到了春、秋两季的中间，这两天白昼和黑夜一样长。反映四季变化的有：立春、春分、立夏、夏至、立秋、秋分、立冬、冬至8个节气，其中立春、立夏、立秋、立冬齐称"四立"，表示四季开始。反映温度变化的有：小暑、大暑、处暑、小寒、大寒5个节气。反映天气现象的有：雨水、谷雨、白露、寒露、霜降、小雪、大雪7个节气。反映物候现象的有：惊蛰、清明、小满、芒种4个节气。

2016年11月，"二十四节气——中国人通过观察太阳周年运动而形成的时间知识体系及其实践"被联合国教科文组织列入《人类非物质文化遗产代表作名录》。

古代计时器

故宫太和殿丹墀日晷

人类最早使用的计时仪器是利用太阳的射影长短和方向来判断时间的日晷。晷针在刻度盘上投射出阴影，经由盘上的标线指示出时间。故宫太和殿前宽阔的平台，称"丹墀"，丹墀上陈设铜龟、铜鹤各1对，铜鼎18座，还有日晷、嘉量各1个。日晷为古代计时器，嘉量为古代标准量器，二者都是皇权的象征。

日晷能计时，但在太阳下山之后或者阴天的时候就没用了，所以我们的祖先又发明了另外一种计时器——漏壶。关于漏壶的最早记载见于《周礼》。北宋王安石的《夜直》写道："金炉香烬漏声残，翦翦轻风阵阵寒。春色恼人眠不得，月移花影上栏杆。"漏声就是漏壶的滴水声。由于已经到了后半夜，漏壶里的水快滴完了。

【名称】青铜漏壶
【年代】元代
【现状】中国国家博物馆藏

漏壶主要有泄水型和受水型两类。早期的漏壶为泄水型，水从漏壶底部侧面流出，格叉和关舌上升，使浮在漏壶水面上的漏箭随水面下降，由漏箭上的刻度来指示时间。满城汉墓中的计时器铜漏壶是迄今出土的年代最早的刻漏，制作于西汉时期，共3件，均为泄水型。后来人们创造出受水型漏壶，水从漏壶里以恒定的流量注入受水壶，浮在受水壶水面上的漏箭随水面上升指示时间，提高了计时精度。比较完整的传世漏壶有两个，均为受水型，其中1976

年内蒙古自治区鄂尔多斯市杭锦旗出土的青铜漏壶最为完整，并刻有元代延祐三年（1316年）造的明确纪年，现收藏于中国国家博物馆；另一个是清代制造的，现收藏于北京故宫博物院。

古代数学

原始公社末期，私有制和货物交换产生以后，数与形的概念出现了。仰韶文化时期出土的陶器上面已刻有"｜"等表示1、2、3、4的符号。为了画圆作方，确定平直，人们还创造了规、矩、准、绳等作图与测量工具。据《史记·夏本纪》记载，夏禹治水时已使用了这些工具。商代中期，在甲骨文中已经出现了一套十进制数字和记数法，其中最大的数字为3万；与此同时，殷人用10个天干和12个地支组成甲子、乙丑、丙寅、丁卯等60个名称来记60天的日期。在周代，又把以前用阴（－－）、阳（—）符号构成的八卦表示8种事物，发展为64卦，表示64种事物。公元前1世纪的《周髀算经》提到，西周初期用矩测量高、深、广、远的方法，并举出勾股形的勾三、股四、弦五以及环矩可以为圆等例子。《礼记·内则》提到西周贵族子弟从9岁开始就要学习数目和记数方法，他们要接受礼、乐、射、御、书、数的训练，作为"六艺"之一的"数"已经开始成为专门的课程。

古人在推测天文和计算田亩赋税的同时，也推动了数学的进步。春秋、战国时，已有了点、线、面、方、圆、几何和分数的概念，以及整数四则运算和九九表。被马克思誉为"最妙的发明之一"的十进位法，就是中国人的发明。13世纪初，东方的十进位计算方法通过阿拉伯人传入欧洲，欧洲人发现了它的方便之处，开始学习这个新方法。现在学生学的"小九九"口诀，又称

《九九乘法歌诀》，从"一一得一"开始，到"九九八十一"止。其实早在春秋、战国的时候，《九九乘法歌诀》就已经开始流行了，而欧洲人直到13世纪初才知道这种简单的十进位乘法表。

《九章算术》是战国、秦、汉时期数学发展的总结，就其数学成就来说，堪称世界数学名著。《九章算术》在隋唐时期曾传到朝鲜、日本，并成为这些国家当时的数学教科书。它的一些成就，如十进位值制、今有术、盈不足术等还传到印度和阿拉伯，并通过印度、阿拉伯传到欧洲，促进了世界数学的发展。

南北朝时候，祖冲之（429—500年）求得圆周率在3.1415926与3.1415927之间，比欧洲人提出相同的精确度的圆周率早约1000年。

中国是算盘的故乡。算盘是汉族劳动人民发明创造的一种简便的计算工具。"珠算"一词，最早见于汉代徐岳撰写的《数术记遗》，其中写道："珠算，控带四时，经纬三才。"2013年12月4日，联合国教科文组织在阿塞拜疆的首都巴库宣布，珠算正式成为人类非物质文化遗产。现在说珠算有1800多年的历史，就是根据这个时间点计算出来的。不过，那个时候的算盘运算法与今天的算法还是有很大区别的。在宋代《清明上河图》中，人们可以清晰地看到"赵太承家"药店柜台上就放着一把算盘。现代珠算起源于元、明之间。元朝朱世杰的《算学启蒙》载有的36句口诀，即与今天的大致相同。

古代度量衡

度量衡是指在日常生活中用于计量物体长短、容积、轻重的器具的统称。计量长短的器具称为度；测定容积的器皿称为量；测量物体轻重的工具称为权和衡，也就是秤砣和秤杆。尺是长度的基本单位，升是容量的基本单位。尺多为木制，容易腐烂，故留传下来的很少。铜权存世较多，大小不一，重量不等，形状主要有锤形和环状两种。量的主体以圆形和椭圆形的为多，方形的少。

秦始皇二十六年（公元前221年），齐国不战而降，从此，诸侯割据称雄的战国时代结束了。秦统一中国后，建立起一套完整的封建专制主义中央集权制度。秦王嬴政首先确立了至高无上的皇权，并自称"始皇帝"。在全国范围内推行"车同轨，书同文，行同伦"的一系列经济文化措施，使得中央集权制体制日趋完备，并被历代王朝沿袭和发展。统一货币和度量衡是一系列措施中的重要一项。

【名称】秦权
【年代】秦代
【现状】中国国家博物馆藏

中国国家博物馆收藏的秦权虽然并不是精美的青铜器，但它是极为珍贵的历史文物。秦权为铜铸的空心高体折肩小纽瓜棱式，重量约250克。上面刻有秦始皇统一度量衡的诏书："廿六年，皇帝尽并兼天下诸侯，黔首大安，立号为皇帝，乃诏丞相状、绾，法度量，

则不壹，歉疑者，皆明壹之。”大意是：秦始
皇二十六年（公元前221年）统一天下，百姓安
宁，定立了皇帝称号，下诏书于丞相隗状、王
绾，把不一致的度量衡制度都明确统一起来。度量衡的统一对全国经济的发展
和统一后中国的巩固有着重要的历史作用。

【名称】商鞅方升
【年代】战国
【现状】上海博物馆藏

　　商鞅方升器壁三面及底部均刻有铭文。左壁刻：“十八年，齐（率）卿
大夫众来聘，冬十二月乙酉，大良造鞅，爰积十六尊（寸）五分尊（寸）壹为
升。”器壁与柄相对的一端刻有“重泉”二字。底部刻有秦始皇二十六年的
诏书。右壁有一“临”字。铭文之中的十八年即秦孝公十八年（公元前344
年）。此器有确凿的纪年，并标明由秦国商鞅负责监制，底部所刻的秦始皇
二十六年的诏书，说明秦始皇统一全国后的度量衡沿用了商鞅变法时所制定
的标准。秦孝公重用商鞅，实行变法。商鞅废井田，开阡陌，秦国因此强大
起来。

物理机械

　　中国是世界上机械发展最早的国家之一。弓箭是原始人在机械方面最早的一项发明。机械就是能帮人们降低工作难度或省力的工具装置。比如筷子就是中国人发明的最简单而实用的机械。张衡的候风地动仪、苏颂的水运仪象台代表了当时世界上机械制造的高水平。除此之外，我国古代在机械方面还有许许多多的发明创造，在动力的利用和机械结构的设计上都有自己的特色。

概述

　　考古发现的许多远古时期的陶器和玉器表明：我国古人早在原始社会就能利用会转动的简单机械来制作陶器和琢玉。西安半坡村新石器时代仰韶文化遗址曾出土双耳尖足汲水陶瓶，利用重心转换原理来调节平衡，可以方便地从河流中取水。腹部两侧的环耳处系绳，汲水时，手提绳子，将瓶置于水中，因瓶腹是空的，重心在瓶的中上部，瓶就倒置于水中；汲满水后，重心移到瓶的中下部，瓶口就朝上直立起来。

　　在山西省襄汾县陶寺村，考古队员发现了规模空前的城址、世界最早的观象台、气势恢宏的宫殿、独立的仓储区及手工业区的遗迹。许多专家学者提出，陶寺遗址就是尧帝的都城。尧帝，传说中五帝之一，名叫放勋。国号"唐"，意思是"广阔"，所以尧帝又被称为唐尧。尧帝定都平阳（今山西襄汾）。在这里

原始制陶示意图

出土的众多文物中有一件铜"齿轮"。现在还不能确定这就是齿轮，如果是，那说明我国早在4000多年前就有了齿轮机械。

古书上记载，周穆王时，有一个叫偃师的巧匠，他以革、木、胶、漆、颜料等为原料，制作活动木人，能进退俯仰，唱歌跳舞。周

【名称】双耳尖足汲水陶瓶
【年代】新石器时期
【现状】中国国家博物馆藏

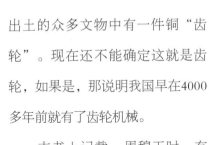

【名称】铜"齿轮"
【年代】新石器时期
【现状】中国社会科学院考古研究所藏

朝的《考工记》一书记述了宫室、车舆、礼乐器、兵器等制作的科学技术。西周时，已有相当精致的两轮车。春秋战国时期的墨子不但是著名思想家，还是一位科学家，他写的《墨经》一书论述了许多数学和物理知识，不仅有几何学知识，还有力学、杠杆、小孔成像和平面、凹凸面镜成像的观察以及固体传声和共鸣等现象。三国西蜀的诸葛亮曾造运粮的木牛流马，还制造了威力巨大的武器——连弩。

指南车

三国时的曹魏扶风人马钧，是中国历史上著名的发明家、机械制造家，曾任魏国的给事中。当时的丝绫机构造复杂、效率低，他改进丝绫机，效率提高了四五倍。他还改进了灌溉用的提水机具——龙骨水车（翻车），这是一种刮板式连续提水机械，效率高且十分省力。

青龙三年（235年），魏明帝命马钧制造指南车。马钧经过反复试验，终于制成。指南车上有一小人，其手指的方向即为南方。指南车使用了差动齿轮装置，或者称加法机构，或者称差速器。其原理是，当车辆直线行驶时，左右两车轮转动的角速度相等，差动机构没有输出。车辆转弯时，两侧车轮的角速度不相等，这时差动机构输出这个差值。类似的驱动指示机构装置，现代应用在汽车的差速器上；工业上用于加工齿轮的专用设备插齿机以及滚齿机。1937年，王振铎根据古代文献记载，成功复原出指南车。

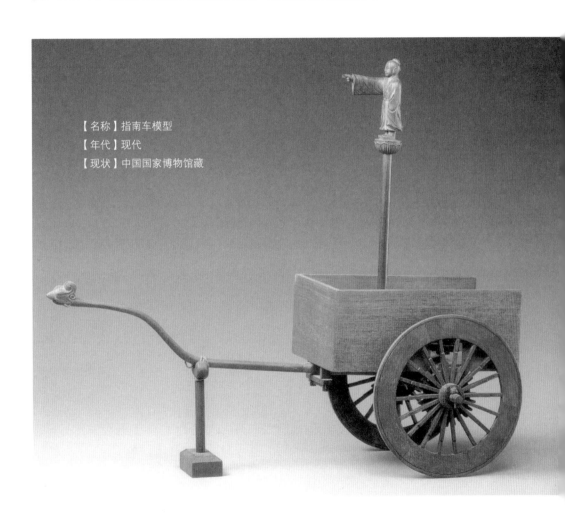

【名称】指南车模型
【年代】现代
【现状】中国国家博物馆藏

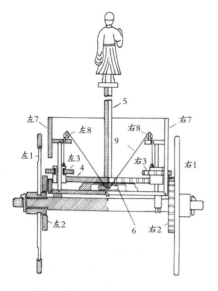

指南车后视图
1.足轮 2.立轮 3.小平轮 4.中心大平轮
5.贯心立轴 6.车辕 7.车厢 8.滑轮 9.拉索

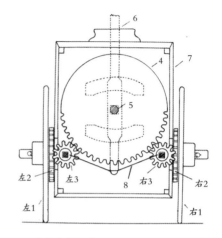

指南车俯视图
1.足轮 2.立轮 3.小平轮 4.中心大平轮
5.贯心立轴 6.车辕 7.车厢 8.拉索

指南车结构图

记里鼓车

　　王振铎先生还根据《宋史·舆服志》及东汉孝堂山画像石中的鼓车成功复原了古书上记载，但同样失传的记里鼓车。记里鼓车是中国古代用来记录车辆行驶距离的车，构造与指南车相似。车有上下两层，每层各有木制机械人，手执木槌：下层木人打鼓，车每行1里路，敲鼓一下；上层机械人敲打铃铛，车每行10里，敲打铃铛一次。记里鼓车是古代天子出巡时，仪仗车驾必备的一种典礼车，用4匹马拉，排在指南车之后。

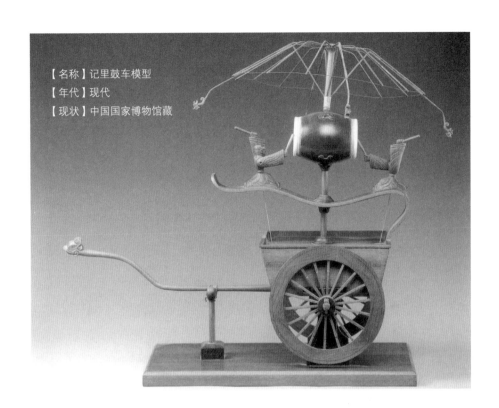

【名称】记里鼓车模型

【年代】现代

【现状】中国国家博物馆藏

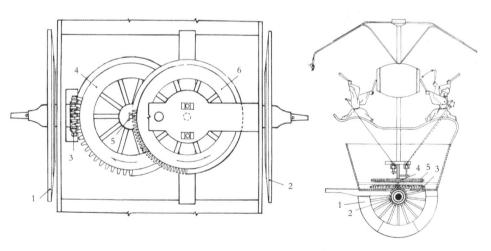

记里鼓车俯视图

1.左足轮 2.右足轮 3.立轮 4.下平轮

5.旋风轮 6.中平轮

记里鼓车侧视图

1.右足轮 2.立轮 3.下平轮 4.旋风轮 5.中平轮

记里鼓车结构图

长信宫灯

　　长信宫灯于1968年出土于河北省满城县西汉中山靖王刘胜之妻窦绾墓，灯上还有窦太后居住的长信宫"长信尚浴"字样，故发掘出土后被命名为"长信宫灯"。此灯曾放置于皇太后窦氏（刘胜祖母）的长信宫，是汉武帝时窦太后送给孙媳妇窦绾的。

　　宫灯的设计十分巧妙，灯体为一通体镏金、双手执灯跽坐的宫女，神态恬静优雅。灯体通高48厘米，由头部、右臂、身躯、灯罩、灯盘、灯座6个部分分别铸造组成，头部和右臂可以组装拆卸，便于对灯具进行清洗。宫灯部分的灯盘分上下两部分，刻有"阳信家"铭文，可以转动，以调整灯光的方向。灯盘上的两片弧形屏板可以推动开合，以调节灯光的亮度和照射方向。宫女的右手与下垂的衣袖罩于铜灯顶部。宫女铜像体内中空，其

【名称】长信宫灯
【年代】西汉
【现状】河北博物院藏

中空的右臂与衣袖形成铜灯灯罩，可以自由开合。灯体设吸烟管，能将烟体导入灯身，灯身可贮水，以使烟气融于水中，可减少空气污染。灯罩上方有少量蜡状残留物，推测宫灯内燃烧的物质是动物脂肪或蜡烛。宫灯表面没有过多的修饰物与复杂的花纹，在同时代的宫廷用具中显得较为朴素。

灯上有9处刻了铭文，共65字，内容包括灯的重量、容量、铸造时间和所有者等，如"长信尚浴，容一升少半升，重六斤，百八十九，今内者卧"（位于灯座底部）。

唐代银盒

1970年，陕西省西安市何家村窖藏出土的唐代银盒，其内孔与外圆的同心度很小，盒盖与盒身子母口配合严紧，刀痕细密，说明当时机械加工精度已达到较高的水平。盒中还盛有紫晶、白晶、琥珀、光明砂、光明碎砂、金粉等炼丹原料。

【名称】银盒
【年代】唐代
【现状】中国国家博物馆藏

唐代熏球

　　被中香炉是中国古代盛香料熏衣服、被褥的球形小炉，又称"香熏球""卧褥香炉""熏球"。其中放置并点燃香料和艾草等草药，既可以熏香，又可以驱赶蚊蝇和杀灭螨虫等寄生虫。汉代长安巧工丁缓造被中香炉，"为机环转运四周，而炉体常平"（刘歆《西京杂记》）。唐代的这种熏球最为精巧，熏球由两个半球组成，有子母口可以扣合，下半球内装有两个同心圆机环和一个盛放香料的香盂，大机环与外层球壁连接，小机环分别与大机环和香盂相连。使用时，由于香盂本身的重力作用和两个同心圆机环的机械平衡，无论熏球如何滚动，里面的香盂都可以保持水平状态，香灰不会倾撒。熏球通体透雕着精美花纹，这些镂空不仅仅是为了美观，还为了香气发散，香气

【名称】银熏球
【年代】唐代
【现状】中国国家博物馆藏

就是通过这些镂空袅袅散发出来的。熏球上还有链条，上部有弯钩，这样既方便佩带在身上，也可以悬挂在室内帐中。

这种作用原理在今天的航空陀螺仪上仍在运用。在欧洲，最先提出类似设计的是文艺复兴时期的意大利大画家、科学家达·芬奇（1452—1519年），此设计已较我国晚了1000多年。16世纪，意大利人希·卡丹诺制造出陀螺平衡仪并应用于航海事业。现代的飞机、导弹和轮船在空中或海上不论怎样急速运动，都能辨认方向，这就是由于安装了陀螺平衡仪。

公道杯

公道杯，古代饮酒用瓷制品。杯中央立一老翁，体内有一空心瓷管，管下通杯底的小孔，管的上口相当于老人胸前的黑痣高度。体下与杯底连接处留有一孔，向杯内注水时，若水位低于瓷管上口，水不会漏出；当水位超过瓷管上口，水即通过杯底的漏水孔漏光。公道杯是根据物理学上的虹吸原理制成，据说古时人们曾用公道杯对付贪酒者。它盛酒最为公道，斟酒时只能浅平，不可过满，如果超过高度，杯中之酒便会全部漏掉，一滴不剩。

【名称】公道杯
【年代】清代
【现状】托克托博物馆藏

军事武器

　　纵观中国古代兵器的发展，历经数千年而自成体系。为了满足古代战争的需求，各种兵器与军事技术应运而生，并逐渐趋于完善。中国古代兵器种类繁多，大小、形状各不相同，具有刺、砍、划、砸、击和抓等功能。随着社会生产力的发展和科技的进步，不能适应战争的古老兵器不再出现在战场上，它们或成为仪仗，或直接被淘汰，消失于历史长河中。

概述

　　《春秋左传》："国之大事，在祀与戎。""祀"指的是祭祀祖先，"戎"指的是战争，这句话的意思是国家重大的事情在于祭祀和战争。如果仔细思考，我们会发现，这两点确实是非常重要的。因为祭祀祖先就是对自己民族历史的肯定和尊重，而战争代表的武力则是一个国家和民族得以延续的重要保证，军队更是一个国家主权的重要象征。从古至今都是这样，一个国家只有建立一支强大的军队，才能保证不被侵略。

　　衡量一个国家的军队是否强大，除了指挥者和军人的意志外，武器在战争中具有不可替代的作用。中国作为历史悠久的文明古国，武器在很早以前就出现了，它最初是由远古的生产工具演变而来的，经历了从石质武器到青铜武器，再到铁质武器的漫长发展过程，种类繁多，有"十八般兵器"的通俗说法。

石质武器

早在旧石器时代，祖先出于狩猎和战争的需要，就发明了最早的石质武器。当时由生产工具演变而成的代表性武器主要有：用于刺杀的石矛和骨矛以及石质或骨质、角质的匕首；用于劈砍的石斧和石钺；用于砸击的大木棒和石锤；用于钩杀的石戈；可以投掷石球的"飞石索"，等等。

除了进攻性武器外，为抗御敌方进攻性武器的杀伤，人们发明了原始的防护装具，主要有竹、木或皮革制造的盾，以及用藤或皮革制造的原始甲、胄。

【名称】玉石斧
【年代】新石器时代
【现状】中国国家博物馆藏

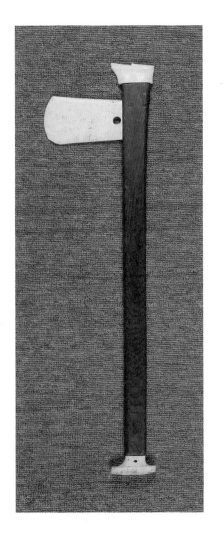

到了新石器时代，随着石器制作技术的提高，磨制石器取代了粗糙的打制石器，人们开始用精心磨制的玉石制作武器。在古代，玉石材质的武器并不是真的用来作战，由于玉石代表最珍贵的财富，所以玉石制作的武器也代表了至高无上的权力。

浙江余杭良渚文化遗址出土的玉石斧距今有五六千年。除了玉石斧，四川三星堆遗址还出土了玉刀等。

弓箭

使用近距离武器近身作战，在杀伤敌人的同时自己也会受到伤害。为了能够在保护自己的同时尽可能地杀伤敌人，人们发明了远距离进攻性武器——弓箭。早期的弓用来射击弹丸，称为弹弓，弹丸有石制、泥制和陶制的，后来的弓用来射击箭（矢）。弓箭是中国机械方面最早的一项发明，箭杆有竹制和木制之分，最初的箭镞有石制、骨制和角制的，商周时用青铜

原始弓箭模型

镞，到汉时才完全用铁镞。

　　传说中，最著名的战争是四五千年前的涿鹿之战，以黄帝为首的北方部落联盟战胜了以蚩尤为首的南方部落联盟。原始战争日益频繁而激烈，仅用有锋刃的生产工具已不能适应作战需要，战争促使人们开始设计和制造专门用于杀伤和防护的特殊用具，它们逐渐与一般生产工具分离开来，于是出现了专用于作战的武器。

戈和矛

　　从夏朝开始，随着铸造技术的不断进步，出现了更加坚硬、锋利和结实耐用的铜兵器。商朝时，青铜冶铸工艺已经超越了由矿石混合冶铸的低级阶

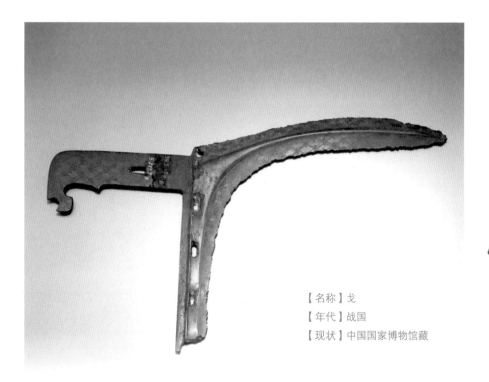

【名称】戈
【年代】战国
【现状】中国国家博物馆藏

【名称】矛
【年代】战国
【现状】中国国家博物馆藏

段，达到以纯铜、锡和铅按比例冶铸青铜的较高水平。考古发现的位于河南省安阳市小屯东南的商朝晚期铸铜遗址，面积超过1万平方米，说明当时的生产规模很大；从安阳殷墟的妇好墓中出土的青铜礼器、兵器及其他用品有460多件，总重量1625公斤，反映出当时青铜冶铸的规模。

商代金文中就有一手持戈、一手执干（干就是盾）的人物，代表当时用常规武器武装起来的士兵。戈是重要的武器，大动干戈原来指的就是发动战争。戈是车战中使用的，因为这时我国已经发明了战车。戈既可以击杀，又可以钩杀。在墓葬中发掘出的某一人的头骨，其天灵盖上有一个洞，这个洞的形状就和被戈击杀过的痕迹吻合。除了戈以外，还有矛（枪）。矛是步兵使用的，可以远距离刺杀。还有戈和矛结合在一起的，也就是戟。三国时期，吕布使用的武器就叫方天画戟。后来又演化出槊。除此之外，还有两个戈，甚至三个戈与矛组成的多戈戟。

钺

钺出现于商代中期，大型的钺往往出土于较大的墓中，可能是权力的象征，数量不多，比较珍贵。妇好是商王武丁的王后，也是一位女将军。妇好墓

干　　　手持干　　　戈　　　人持戈　　　戌

刀　　　人持刀　　　钺　　　人持钺　　　一手拿钺，一手捉俘虏

弓　　　矢　　　射　　　箙　　　人持弓

车　　　车上建戈　　　旅　　　　　文字中的武器

中出土的青铜钺，纹饰是两只卧虎对视，口中含一人头像，人像面带淡淡的微笑，表情恬静。这种"虎食人"的纹饰、造型在商周时期的青铜器上屡见不鲜。安徽阜南、四川三星堆出土的虎龙铜尊上面有置于虎口之下的人形；日本泉屋博古馆、法国巴黎塞努斯基博物馆收藏的虎食人卣是一人呈踞坐状，被张着大口的老虎怀抱其中的图形。商周之间的决战发生在牧野。根据《尚书·牧誓》《逸周书》等文献的记载，武王率领各

【名称】青铜钺
【年代】商代
【现状】中国国家博物馆藏

路诸侯联合军队，在距朝歌70里的牧野举行誓师大会，列数了商纣王的诸多罪状，动员军队要与商纣王决一死战。此时，商纣王仍在饮酒作乐，在得知兵临城下后，慌忙召集军队。由于商朝的主力部队在外作战，所以临时组织城中的奴隶和战俘开赴前线御敌。商纣王的残暴统治，早使他失去了民心。商军一遇周军便倒戈投降，引导周人进攻纣王。纣王惨败而归，自焚身亡。周人势如破竹，直取商都，商朝从此灭亡。

《牧野之战图》

虎符

公元前500年前后，诸侯国逐渐强大起来，不再受周天子管控，周天子成了名义上的天下共主，各分封国之间因为政治、土地等原因打得不可开交，大国兼并小国，强国兼并弱国，从最初的近千个国家打到只剩下了被称为"战国七雄"的齐、楚、燕、韩、赵、魏、秦七国。《春秋》和《战国策》两部书把这段纷纷扰扰的历史描绘得十分精彩。

　　春秋战国时期，有一种十分重要的军事用具，就是虎符。中学语文课本中有《信陵君窃符救赵》一文。信陵君窃符救赵这件事，发生在周赧王五十七年，即公元前258年，当时属战国末期，秦国吞并六国日亟，战争频繁而激烈。周赧王五十五年（公元前260年），在长平之战中，秦军大破赵军，坑杀赵军降卒40万。秦军又乘胜进攻围困赵国都城邯郸，企图一举灭赵，再进一步吞并韩、魏、楚、燕、齐等国，完成统一中国的计划。当时的形势十分紧张，特别是赵国都城被围，诸侯都被秦国的兵威所慑，不敢援助。赵国的平原君因夫人为魏国信陵君之姊，乃求援于魏王及信陵君。魏王使老将晋鄙率10万人的军队救援赵国，但后来因畏惧秦国的强大，命令驻军观望。魏国公子信陵君无忌为了驰援邯郸，遂与魏王夫人如姬密谋，使如姬在魏王卧室内窃得虎符，并以此虎符夺取了晋鄙的军队，大破秦兵，救了赵国。就魏国来说，唇亡齿寒，救邻即自救，存赵就是存魏，赵亡，魏也将随之灭亡。信陵君正是认识到其中的利害关系，才不惜冒险犯难，窃符救赵，抗击秦兵，最终保障了两国的安全。那么，什么是虎符呢？

　　虎符属于兵符，是中国古代朝廷征调兵将的一种凭证。用铜制成伏虎的形貌，一剖为二，右半边由皇帝保存，左半边则发给在外的统兵将领或地方长官。虎符的剖面有齿相嵌合，背上大多有错金文字。君主在调兵时，会派遣使臣带着自己的半符前去，与将领之半符左右验合，验合成功，命令才能生效。现藏于中国国家博物馆的阳陵虎符，相传于山东省临城出土，罗振玉旧藏。虎颈至胯间左右各有错金篆书铭文2行12字，书曰："甲兵之符，右才（在）皇帝，左才（在）阳陵。"阳陵为秦之郡名，即今陕西高陵。此件为秦始皇授予驻守阳陵将领之虎符，因年代已久，对合处生锈，现左右不能分开，整体形成一件艺术品。伏虎卧地，昂首前视，曲尾上翘。虎符字体谨严浑厚，风格端庄，笔法圆转，具有很高的艺术性。

【名称】阳陵虎符
【年代】秦代
【现状】中国国家博物馆藏

吴越宝剑

春秋战国时期，中国战争频繁，出于战争的实际需要，兵器铸造也有了很大发展，除了戈、矛、戟、槊这些长兵器，战士还有随身佩带的短兵器，其中最主要的就是剑。从战国到汉代，战车逐渐衰落，步兵成为作战的主要力量，剑这种兵器开始被大规模地装备和使用。日本永青文库藏洛阳金村周天子墓出土的错金银武士纹镜，背面饰一错金银骑马持剑武士与一只虎格斗的画面。虎的形象和姿态拟人化，极为生动且富于想象力，是不可多得的古代艺术珍品。

春秋时期的吴、越两国由于处于河湖密布的江南水乡，不适于中原平原

【名称】错金银武士纹镜

【年代】秦代

【现状】日本永青文库藏

的车战，因此短兵相接的步兵战是主要作战手段，剑就成为步兵手中的利器。吴越地区的铸剑技术遥遥领先于中原各国，出现了许多传奇式的铸剑大师，如欧冶子、干将、莫邪，他们的铸剑故事一直流传到现在。春秋时，已能生产脊、刃青铜合金配比不同的复合剑：剑刃含锡量较高，大大加强了硬度；剑脊含锡量较少，这样就增加了剑身的韧性，不易折断。千百年来，吴越宝剑是无数人梦寐以求的。秦始皇统一中国后，曾命人挖开苏州虎丘山下的吴王阖闾的墓寻找宝剑。幸运的是，今天我们还能见到许多如吴王光剑、吴王夫差剑、越王勾践剑等吴越名剑中的精品。中国国家博物馆收藏的吴王夫差剑是1976

年河南省辉县百泉文物保管所在废品回收部门的
协助下从废铜中发现的，根据查访得知，很可能
是1949年以前被人从辉县琉璃阁战国墓葬中盗出

【名称】吴王夫差剑
【年代】春秋
【现状】中国国家博物馆藏

的。此剑全长59.1厘米，剑身宽5厘米，剑柄上有两道箍，剑格上有兽面花纹
镶嵌绿松石，剑身布满花纹，锋锷很锐利。剑身上还铸有篆书铭文："攻吴王
夫差自作其元用。"

秦始皇兵马俑

秦王政十七年（公元前230年）到秦始皇二十六年（公元前221年），秦
王嬴政历经10年，最终统一了中国，成为中国历史上的第一位皇帝。那么，
这时期军队都使用什么武器？秦始皇是怎样调兵遣将的？他统一天下的军队
又是什么样的？

1974年3月，陕西临潼遭遇大旱，西杨村的村民打井抗旱，在秦始皇陵东
侧取土时，发现了秦始皇陵兵马俑。一望无际的兵马俑是秦始皇的陪葬，是
秦始皇陵的组成部分。坑内近万个和真人同大的陶质卫士，他们有的手执弓、
箭、弩，有的手持青铜戈、矛、戟，有的御车策马——分别组成了步、弩、
车、骑4个兵种，展现了强大军事帝国征服一切的豪迈气势和壮丽图景，是震
惊世界的古代文化奇迹。每天参观陕西西安秦始皇陵兵马俑博物馆的游客络绎
不绝，人们对气势磅礴、严阵挺立的兵马俑赞叹不已。

秦始皇陵兵马俑

弩

弩，是古代一种威力较大的步兵远射兵器。将弓安装在床架上，以绞动其后部的轮轴张弓装箭，待机发射。春秋时已有弩。战国中期的弩已很精致。当时韩国的强弩能射600步（战国时1步约合1.2米）。到了汉朝，战争中，人们开始普遍使用弩。三国时期，诸葛亮大大改进了弩的设计，使之成为可以连续发射的连弩，也被称为诸葛弩。中国古代的远射器械，能发射弹丸或箭，以射击远处的目标。弩是有臂的弓，比弓射得更远，臂上有弩机，用以控制射击。发射时，用手指向后拨动悬刀，牙下坠，望山随之前倾，弦向前运动弹击箭杆，使箭激射而出。满城汉墓出土的汉代弩机，在望山上已有刻度，类似近代步枪上标尺的作用，能提高射击的准确性。汉代的弩有1～10石（汉代1石约合31公斤）等8种，最常用的是6石弩。最初弓弩手用臂开弩，称臂张弩。以后有蹶张弩，用一脚开弩。后来又有腰开弩，用双脚开弩。蹶张弩2～3石，腰开弩7～10石，到唐代或稍前又出现用绞车开的弩。

北宋时期，除了一般的弓弩以外，还进一步发展了一种重型远射兵器，即利用复合弓的床弩，其射程可达300大步（约合570米）。床弩，又称床子弩，是将2或3张弓结合在一

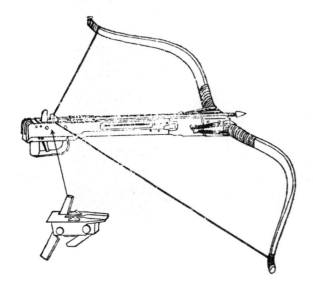

弩机图

起，大大加强了弩的张力和强度。张弩时，用粗壮的
绳索把弩弦扣连在绞车上，战士们摇转绞车，张开弩
弦，安好巨箭；放射时，士兵用大锤猛击扳机，机发
弦弹，把箭射向远方。

【名称】弩机
【年代】汉代
【现状】河北博物院藏

　　宋景德元年（1004年）八月，萧太后、辽圣宗率大军南侵，直趋黄河边
的澶州（今河南濮阳），直逼北宋都城开封。宋廷惊恐，宋真宗准备听从大臣
王钦若的主张，放弃东京逃跑，迁都南京。宰相寇準力主宋真宗御驾亲征，亲
往澶州前线，以振士气。十一月二十四日，宋真宗抵达澶州北城，宋军使用床
弩将辽军前部指挥官萧挞览射死。最终双方讲和，签订著名的"澶渊之盟"。
此后100年，辽军再没侵扰北宋。随着火器的发展，构造笨重、机动性较差的
床弩逐渐被废置不用。

戚继光军刀

戚继光（1528—1587年），字元敬，山东登州（治今蓬莱）人，17岁承袭登州卫指挥佥事，后调任浙江都司参将。明嘉靖末年，中国东南沿海倭患严重，戚继光奉命前往抗倭。他与抗倭名将俞大猷等协作，在义乌、金华两地招募了3000名"民兵"，制定纪律，进行严格的训练，将这支队伍训练成英勇善战、屡立战功的精锐部队，被誉为"戚家军"，平定浙江、福建倭寇。后来，他又率兵转战广东，彻底铲除东南沿海倭患。倭患平息后，戚继光调任蓟州总兵官，直接担负保卫京师的重任。隆庆二年（1568年），戚继光以都督

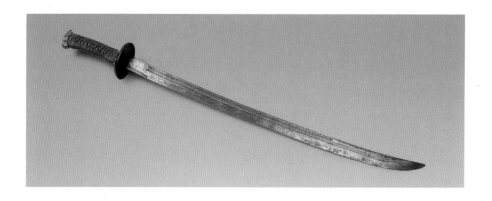

同知职总理蓟州、昌平、保定三镇，在镇16年，使北方防御得以充实巩固，现存山海关以内的北方明长城就是在他的主持下兴建而成的。在守卫

【名称】戚继光军刀
【年代】明代
【现状】中国国家博物馆藏

蓟州的16年里，他严格训练、严密防守，多次挫败北方游牧部落的侵扰。戚继光去职后，继任者依其成法，确保蓟门数十年平安无事。作为一代名将，戚继光非常重视军刀的质量，他在《练兵实纪·杂集·军器解》里提出，锻造军

刀，"铁要多炼，刃用纯钢，自背起用刀平铲平削，至刃平磨无肩，乃利，妙尤在尖。"上页这把军刀，造型大方，工艺精湛，钢质坚韧，锋利无比，显示出明代冶铁技术的高超水平。

火药

火药，是我国的伟大发明。火药是我国古代的道士在用木炭、硫黄、硝石等炼丹的过程中偶然发明的。北宋时，火药已开始用于战争，制成了火箭、火球、火蒺藜等，以及连发式火器（连铳），用于弥补当时宋人战斗力不及金人的劣势。

宋神宗时，火药武器在战争中得到广泛使用。朝廷兵部的军器监下面设立了火药作，专造火器。火药作的设立，表明当时配制火药已由个体分散

【名称】铜炮
【年代】元代
【现状】中国国家博物馆藏

操作，发展为大型作坊进行批量生产。《武经总要》详细记载了火药配方，这是世界上最早公布的军用火药配方，其硝石、硫黄、木炭的组配比率在50∶25∶25左右，是经过军队试用改进的比较合理的配方，硝石的含量大幅度增加。该书还列举了十几种火器的名称。

宋金战争中，宋军发明了霹雳炮等爆炸性的火药武器。李纲守开封时，曾用霹雳炮击退金军。金军攻陷汴京（今河南开封）后，获得军器工匠和设施，建立起火器制造工业，不但较快地仿制了宋军的火器，而且有所创造，如将纸壳火炮发展为先进的铁火炮，之后又多次改进，其威力最大者称"震天雷"。蒙古太宗四年（1232年），蒙古军围攻开封，金军发射震天雷，打得蒙古军不敢露面。元代承袭了宋、金制造火器的技术。中国国家博物馆收藏的1332年铸造的铜炮是世界上现存最早的铜炮，于1935年在河北省房山县（今北京房山）云居寺内被发现。炮身外壁纵向阴刻铭文"至顺三年二月

十四日/绥边讨寇军/第三百号/马山"。

我国从约10世纪中叶开始，就由冷兵器时代进入了火器和冷兵器并用的时代，早于欧洲5个世纪左右。火药和火药兵器是元朝蒙古人通过战争传到国外去的。欧洲人于13世纪从阿拉伯人那里知道了火药，于14世纪中期制造出了火药兵器。后来欧洲各个王国之间为了互相侵略，扩张海外殖民地和争夺殖民地，大力发展枪炮制造等军事技术，造出了各种先进的武器。当时火药在中国更多地用于制造节庆的烟花爆竹。《宪宗行乐图》为明朝成化皇帝在元宵节时，欣赏各种活动的场景，包括放爆竹、闹花灯等。

清乾隆五十七年（1792年），英国派马嘎尔尼勋爵来中国，为乾隆皇帝祝寿。在带来的礼物中，就有当时最先进的榴弹炮等武器，可是没有引起乾隆皇帝和清朝政府的重视。

【名称】《宪宗行乐图》局部
【年代】明代
【现状】中国国家博物馆藏

交通工具

　　我国古书上记载，大约和古埃及同一时期，大禹王时，一个名叫奚仲的大臣发明了车。到了大禹的儿子夏启王的时候，已经开始大规模使用战车作战了。

　　考古学家在浙江余姚河姆渡新石器时代早期遗址中发现了6支船桨。其桨残长63厘米，桨身和桨叶用一块木料制成，桨柄与桨叶连接处刻有花纹。这说明距今约7000年前，我国已经有了船。

古代的车

　　车的发明，是科技史上的一大创举。最初人们搬运重物时，只能将重物放在地上拖，后来古埃及人利用圆木搬运石头等重物，以后又从圆木的滚动中得到启发，把大树锯成圆片并做成车轮，然后将木橛安装在两个圆木片中间，便制造出了两轮车。

　　《考工记》中，《轮人》《舆人》《辀人》三篇约占全书篇幅之半，记录了一系列造车的技术要求和检验手段。例如，先用圆规校准车轮是否圆正，再用平整圆盘检验车轮是否平正；用悬线验证辐条是否笔直；将车轮放在水中，视其浮沉情况确定其各部分是否均衡，等。《考工记》中对车轴、车辕等各个部件均有深入的研究，对行山地的柏车和行平地的大车的要求也各有不同。

战车

春秋时代，战争频繁，每个国家的强弱都用车辆的数目来衡量。在孔子的《论语》中有个词："千乘之国"。乘，音shèng，意为辆，战车。这里指古代军队的基层单位。每乘拥有4匹马拉的兵车1辆，车上甲士3人，车下步卒72人，后勤人员25人，共计100人。千乘之国，指拥有1000辆战车的国家，即诸侯国。春秋时期的礼制是这样的：周天子拥有6个军，每军千乘，共6000乘；大的诸侯国可以有3个军；中等诸侯国可以有2个军；小的诸侯国只能拥有1个军。所以，在孔子时代，千乘之国已经不是大国了。

车马图画像砖拓片

汉人的祖先到战国初年才学会骑马。孔子时代，中原的马是用来拉车，而不是骑的，所以孔子教学生的六艺之一就是"御"。后来，匈奴不断掳掠秦、赵、燕三国北部地区。他们善于骑射，长于野战，采取突然袭击，来去飘忽，难于捉摸，显示出很强的战斗力。而秦、赵、燕在战国中期的作战部队主要是步兵和战车，穿着宽衣大袖的服装，行动迟缓，日行30～50里，自然不能阻止匈奴、东胡的袭击和掳掠。针对这种被动局面，赵武灵王首推"胡服骑射"，三国便先后进行兵制改革，在北部修筑长城。学会骑马后，服饰也发生了变化，穿上了游牧民族发明的裤子。

秦始皇铜车马

在考古发现的许多商周时期诸侯王的墓葬中，都有陪葬的车马，可惜都已经腐烂了。中国国家博物馆收藏有根据安阳小屯商王墓出土的车制作的复原模型。

1980年12月，在陕西临潼秦始皇陵西侧20米处发掘出土一前一后两辆大型彩绘铜车马，大小约为实体的1/2，是为秦始皇陪葬制造的模型，但极其逼真。一辆为安车，相当于今天的小轿车，车罩

【名称】商代车复原模型
【年代】现代
【现状】中国国家博物馆藏

【名称】秦始皇陵铜车马
【年代】秦代
【现状】秦始皇帝陵博物院藏

于车盖之下，御官俑坐于车厢的前部；一辆为立车，也就是战车，没有车厢，御官俑戴冠束带，佩剑，手执辔索，站立于伞下。这是我们

目前见到的最早、最完整、当时最高级的车。

文驷

　　先秦、两汉时期，各诸侯国之间进行外交活动，相互赠送的国礼一般是四样：美锦、黄金、白璧和文驷。

　　1968年，考古人员在满城汉墓发掘出土大量珍贵文物，其中就有几辆车。殉葬的骏马和木制车身已经腐烂，但从大量铜镏金的车构件和马身上的装饰物来看，这些车马当初是极其华美的。

【名称】西汉文驷车复原模型
【年代】现代
【现状】河北博物院藏

【名称】铜镏金车饰
【年代】西汉
【现状】河北博物院藏

木牛流马

木牛流马是三国时期诸葛亮与妻子黄月英一同发明的运输工具，分为木牛与流马。史载汉建兴九年（231年）至十二年（234年），诸葛亮在北伐时使用。木牛与流马载重量为"一岁粮"，大约400斤；每日行程为"**特行者数十里，群行二十里**"，为蜀国10万大军提供粮食。另外，它还有机关，防止敌人夺取后使用。

不过，木牛与流马真实的结构、样子，现在还不明确，专业人士对其有不同的解释，其中一种说法就是独轮车。独轮车是一个以人力推动的小型运载工具，它利用杠杆原理把负载的抗力点靠近支点（即车轮）而令本身的运作有效率，亦把负载分担在独轮车及操纵者身上，令笨重或大量的负载移动变得轻松。这种车既方便人们在乡村田野间劳作，又方便人们在崎岖小路和山峦丘陵

木牛流马想象图

中行进。两轮的手推车在平地较为平稳，而独轮车在易失衡的地方，如狭窄、铺板或翘起的路面有较强的可操作性，即使长途跋涉，也能保持平稳，并

且在卸载货物时比较容易控制。20世纪初，近现代交通运输工具开始普及，在此之前，这种独轮车一直是使用范围最广泛的交通运输工具。

古代的船

1955年，广州汉墓出土的陶船模型，已具有船尾舵。舵利用了力学原理，舵一动，船马上拐弯，极易操作。而同时代的西方还没有舵，它们在船尾两边各支2支长桨，用长桨控制航向，麻烦且费劲。欧洲低地地区（荷兰、比利时等国）的水手直到11世纪才开始用舵。船尾舵的出现和风帆的使用为中国古代航海技术的初步成熟奠定了基础。

隋炀帝下令造大龙舟等各种船数万艘。他所乘龙舟高45尺（1尺≈0.33

米），阔50尺，长200尺，上有4层楼，上层有正殿、内殿、东西朝堂，中间两层有房120间，下层为内侍居处。

宋代大画家李嵩的《天中戏水图》（"天中节"是端午节的名称之一）描绘了端午节时，宋徽宗在首都汴京的"金明池"举行龙舟竞渡，与民同欢的场面。画中长40丈（1丈≈3.33米）的大龙船，是宋徽宗当时所乘的龙舟：雕梁画栋，华丽而气派；重檐十字脊、歇山、攒尖顶双层楼阁，以悬空弧形廊道相连通，飞楼层台宛如天宫楼阁。

【名称】陶船模型
【年代】汉代
【现状】中国国家博物馆藏

宋元时期，漕粮运输和海外贸易规模宏大，如北宋每年漕运米粮600万石以上。造船业在前代的基础上迅猛发展。造船厂遍布全国，江南居多。明州（今浙江宁波）、温州、赣州、吉安等地是内河船舶制造中心，泉州、广州是海船制造中心。官营船厂主要制造战船、漕船和海船；民营船厂多打造商船、游船，也造海船。北宋时，漕运船年产量近3000艘，赣州、吉安占了1000多艘。官府有运粮漕船6000余艘。在宋与金、元的战争中，宋出动战船常达数千艘。元代时，每年造战船量达5000多艘，归泉府司管理的海船有15000

【名称】《天中戏水图》
【年代】宋代
【现状】台北故宫博物院藏

艘。宋、元时，新船型不断涌现，船体巨大坚固，船舶动力、性能、结构和航行安全稳定性等方面都有很大进步。宋代时，造船、修船已使用船坞，创造了滑道下水法，并形成了一套先绘制船样（较详细的设计图纸），后造船的设计程序，有时还先造船模，再按比例放大造船。内河航运出现了"万石船"。遣使出洋一般都租用民间的大海船，其船体巨大，结构合理，使用铁钉加固，船体两侧下削，有龙骨贯串首尾，形成尖底，便于破浪。船上设备（用

于抛泊、驾驶、起碇、转帆、测深等）齐全，采用多樯多帆，可借用多面来风。《清明上河图》中展现了汴梁城外漕运码头与汴河水面上来往的大小船只。

水密隔舱

水密隔舱是中国古代造船工艺的一项重大发明，它用水密隔板把船舱分成互不相通的舱室，这就使船舱成为水密舱室。水密隔舱最初在内河船舶上使用。宋代以后，水密隔舱在海船上也得到应用。宋代时，水密隔舱工艺在唐代的基础上进一步发展，隔舱板被船底板、两舷肋骨及甲板下的横梁环绕，并增加了厚度，这样既能增加船体强度，又有利于加强水密性。中国的水密隔舱技术比西方早10个世纪，它大大提高了船舶的抗沉性，即使有一或两舱破损进水，全船也不至于沉没。

【名称】张择端《清明上河图》局部
【年代】宋代
【现状】北京故宫博物院藏

中国船舶采用的水密隔舱结构，很早就受到国外的赞赏。元代时，意大利旅行家马可·波罗在他的游记中对中国的船舶做了详细的描述。英国的本瑟姆曾经考察过中国的船舶结构，并且对欧洲的造船工艺进行了改进，引进了中国的水密隔舱结构。1795年，他受英国皇家海军的委托，设计并且制造了6艘新型的船只。他在所写的论文中说，他所造的船"有增加强度的隔板，它们可以保护船只，免得船只因进水而沉没，正像现在中国人做的一样"。从此，中国先进的水密隔舱结构逐渐被欧洲乃至世界各地的造船工艺借鉴，至今仍是船舶设计中重要的结构形式。

指南针

春秋战国时期，中国人已记录了磁石吸铁现象。司南勺是用磁石琢成的勺子，底部圆滑，放在铜盘上，勺柄即能指出南北方向，用来占卜与风水堪舆，尚未用在导航方面。宋代人发明了磁石磨针，平漂水上，以指示方向，这是真正意义上的指南针。宋元至明时期，指南针已经在航海中得到广泛

【名称】司南勺模型
【年代】现代
【现状】中国国家博物馆藏

运用。《宣和奉使高丽图经》记载，宣和五年（1123年），宋朝派遣使臣取海路出使朝鲜，就是使用水浮指南针来导航的，这比西方早了两个世纪。北宋朱彧的《萍洲可谈》谓："舟师识地理，夜则观星，昼则观日，阴晦则观指南针。"所谓"夜则观星，昼则观日"，即夜间通过观测星宿（北斗七星、南十字星、天琴星）的位置，白天通过观测太阳的位置，测定星宿和太阳与海平面的角度和高度，用"牵星板"确定航行中船舶的位置及路线。这种在航海中辨识方位的方法，古代称为"牵星术"，现代称为"天文航海术"。郑和下西洋时，将"牵星术"与指南针结合起来，运用航海罗盘、计程仪、测深仪等航海仪器，按照海图、针路（航行路线）簿记载，进一步保证船舶的航行方向正确，罗盘的误差不超过2.5度。郑和采用的这项"牵星术"与指南针相结合的航海技术，现在称为"地文航海技术"，代表了当时我国的天文导航在世界处于先进水平。

船尾舵、风帆和指南针是远洋航行的三大必要条件，水密隔舱的出现保证了海上航行的安全。这些都是中国船舶技术的卓越成就。

海上丝绸之路

自张骞开通中西国际交通运输线的"丝绸之路"，中国的丝绸、茶叶、瓷器从西汉首都长安（今西安）出发，经河西走廊，沿天山南北两路而去。隋唐以后，商品大多通过海路运往朝鲜、日本。唐代设市舶使，专司外贸，广州、明州、泉州、扬州为四大港。从四大港出发，经南海、马六甲海峡，过孟加拉湾，直达波斯湾和红海沿岸，沿途可到达柬埔寨、锡兰（今斯里兰卡）、印度等地，甚至远达埃及和东非。"安史之乱"后，这条海上丝绸之路逐渐取代了陆上丝绸之路。

宋代时，海外贸易日益繁荣。中国的瓷器、茶叶、丝绸，经波斯湾、巴士拉、巴格达，至埃及。指南针在12世纪末13世纪初之际，传到阿拉伯，然后由阿拉伯传入欧洲。宋朝与阿拉伯的海上贸易十分频繁，中国开往阿拉伯的大型船队有指南针导航，所以阿拉伯人很容易从中国商船上学到指南针的用法。实际上，中世纪时，阿拉伯的海船船体狭小，根本无法容纳百余人，当时往来南中国海、印度洋和波斯湾之间的商船，能够容纳上百人的只有中国海船，连阿拉伯商人也经常搭乘中国海船。

郑和下西洋

明代初期，明朝政府出于长治久安的对外政策需要，对周边区域国家进行安抚。明成祖朱棣命三宝太监郑和出使西洋："宣教化于海外诸番国，导以礼义，变其夷习。"意思是远方的蛮夷奉中华为上国之后，中华要以天朝的圣明礼义，教化蛮荒番夷，改变其不文明的习俗。

郑和宝船模型

从永乐三年（1405年）至宣德八年（1433年），郑和率领庞大的船队前后7次远航西洋，经过印度、波斯（今伊朗）、阿拉伯，至非洲东岸，途经30多个国家和地区，所到之处，除了赏赐瓷器、衣冠、锦缎、茶叶等多种中国礼物之外，还将中国优秀的文化传播到各地，并向四邻国家颁布历法，使南洋诸国接受中国的礼俗。

　　据《明史·郑和传》记载，郑和航海宝船共63艘，最大的长44丈4尺，宽18丈，是当时世界上最大的海船，折合现今长度为148米，宽60米；排水量近2万吨，甲板面积约一个足球场大小；船有4层，船上有9桅，可挂12张帆，锚有几千斤重，要动用200人才能起航，一艘船可容纳千人。

　　1957年，有村民在南京宝船厂遗址发掘出一根长11.07米的舵杆，该舵杆由坚硬结实的铁力木制成。根据这根舵杆就可以推算出郑和宝船的大小，的确与历史记载一样。这根舵杆现藏于中国国家博物馆。

　　郑和下西洋在航海技术方面的最大成就是《郑和航海图》的编成。《郑和航海图》原名《自宝船厂开船从龙江关出水直抵外国诸番图》，因其名冗长，后人简称为《郑和航海图》。图上所绘基本航线以南京为起点，沿江而下，出海后沿海岸南下，沿中南半岛、马来半岛海岸，穿越马六甲海峡，经锡兰到达溜山国（今马尔代夫）。由此分为两条航线，一条横渡印度洋到非洲东岸的肯尼亚和索马里，另一条从溜山国横渡阿拉伯海到忽鲁谟斯（今伊朗霍尔木兹）。图中山岳、岛屿、桥梁、寺院、城市等物标，采用中国传统的山水画立体写景形式绘制，形象直观，易于航行中辨认。主要国家和州、县、卫、所、巡司等则用方框标出，以示其重要。该图较正确地绘有中外岛屿846个，并分出岛、屿、沙、石塘、港、礁、门、洲等11种地貌类型，包括了亚非海岸和30多个国家和地区。所绘往返航线各50多条，航线旁标注的针位等导航定

郑和下西洋现代油画

位数据，实用价值巨大。《郑和航海图》的编成充分说明郑和远航的航海技术水平已达到相当完善的程度，而在15世纪，唯一拥有这种先进技术的是中国人。

研究中国科学技术史的著名教授李约瑟说："郑和下西洋时乘的最大的宝船达到了19世纪以前世界造船的顶峰，在造船方面，中国曾远远走在欧洲的前面。"正是因为当时中国具备制造远航巨轮的技术和跨海越洋的能力，郑和船队才能够"云帆高张，昼夜星驰，涉彼狂澜，若履通衢"，横渡印度洋，创造了人类航海史上的伟大创举，揭开了大航海时代的序幕。

造纸与印刷

　　造纸术、印刷术、指南针、火药是中华民族古老的四大发明。纸是中国古代劳动人民长期经验的积累和智慧的结晶，是人类文明史上一项杰出的发明创造，千年来，散发着墨香的一页页薄纸承载了人类文明发展的点点滴滴。印刷术是人类近代文明的先导，为知识的广泛传播、交流创造了条件。雕版印刷术发明于唐朝，并在唐朝中后期被普遍应用。宋仁宗时，毕昇发明了活字印刷术。

造纸术

　　电脑、网络进入人们的生活才几十年，在此前的漫长岁月中，纸是人们交流思想、传播知识、记载历史的重要材料。直到今天，人们生活中的各个方面仍然离不开纸。看书、写字、上厕所，哪一件事少得了纸？

　　在没有发明纸以前，人类的祖先曾经用过好几种可以记载文字的东西。古埃及人用纸草纸，古印度人用贝多树叶，古巴比伦人用泥砖，古罗马人则用羊皮纸。羊皮纸需要小山羊皮，先用圆刮刀把皮上面所有的肉都刮得很干净，然后泡，反反复复地泡，再绷起来晾，不但费事，而且成本高昂。据说抄写一

部《圣经》需要300张羊皮纸。

【名称】甲骨文

【年代】商代

【现状】中国国家博物馆藏

　　古代中国人还曾用甲骨、青铜、玉石等作为

记事材料。而正规书籍的形式，是写在竹简、木

简上的简策和缣帛上的帛书。但是缣帛的费用高昂，而竹简又笨重。战国时

候的大学者惠施在出门旅行的时候，用好几辆车装书，有学富五车、汗牛

充栋之说，他这些书就是一册册的竹简和木简。秦始皇看的公文也都是竹简

和木简，每天他要看100多斤，这100多斤的竹简、木简，需要两个人费很大

劲，才能抬进宫去。而且简牍本身由细绳穿连成册，在反复开合后极易散落，

很难理顺。

据史料记载，东汉元兴元年（105年），尚方令蔡伦开始用树皮、破麻布等廉价之物造纸。皇帝对蔡伦的才能非常赞赏，并把他的造纸技术向各地推广。元初元年（114年），朝廷封蔡伦为龙亭侯，所以后来人们都把纸称为"蔡侯纸"。

1957年，西安市东郊的灞桥出土了公元前2世纪的古纸。这是中国古代最早发明的纸。经鉴定，该纸是以大麻和少量苎麻的纤维为原料制成的。所以，蔡伦造纸，实际情形应该是蔡伦总结西汉以来造纸的经验，改进了造纸

【名称】竹简
【年代】汉代
【现状】中国国家博物馆藏

术，制成了纤维分散度较高的纸浆，采用滤水性能较好而更细密的抄纸工具，造出了精工的纸张。

东汉末年，出现了另外一位造纸能手——东莱（今山东莱州）人左伯。明陈仁锡《潜确居类书》载："蔡伦之后，有左伯善造纸，伯字子邑，故以称纸。"他造的左伯纸相较于蔡侯纸更加洁白细腻，是当时最好的纸。东汉赵岐《三辅决录》载：大书法家"蔡邕作书'用张芝笔、左伯纸、韦诞墨'"。宋苏易简《文房四谱·纸谱》载："子邑之纸，研妙辉光，仲将之墨，一点如漆。"这句话指出纸的表面有光泽，说明纸面经过了加工，"研"就是"研"，即磨光。

魏晋时期，纸已经完全取代简牍，得到普遍使用。有一个成语典故叫"洛阳纸贵"，说的是晋朝人左思写了一篇文章叫《三都赋》，发表后大受欢迎，洛阳的人们争相传抄，结果令洛阳纸价上涨。

东晋时期，老道士葛洪发明了一种技术，叫"黄柏煮水染纸"，就是把纸用黄柏汁浸染一下，可以防虫蛀。

东晋著名书法家王羲之的《兰亭序》是用一种"蚕茧纸"写的。当然，由于《兰亭序》的真迹已随唐太宗殉葬于昭陵的地下，现在我们无法确认、了解其原料。但古籍上说："以绵茧造成，白色如绫。用以书写，发墨可爱。"可见，这一定是洁白如雪、坚韧光洁的优质纸。

中国现存年代最早的纸本名人墨书真迹，是西晋陆机的《平复帖》。陆机出身于吴国世代显臣家族，他的祖父陆逊是吴国丞相，曾智取荆州，令关云长败走麦城。陆机的父亲陆抗是东吴大司马，领兵抗魏，被誉为吴国最后的名将。陆机与其弟陆云俱为西晋时期著名文学家。《平复帖》共9行84字，残5字。书于纵23.8厘米、横20.5厘米的牙黄色麻纸之上，是陆机写给友人的一封

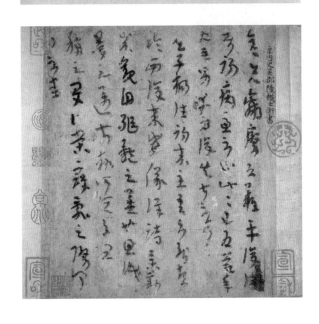

【名称】王羲之《兰亭序》摹本局部
【年代】唐代
【现状】北京故宫博物院藏

【名称】陆机《平复帖》
【年代】西晋
【现状】北京故宫博物院藏

问候疾病信札。

　　《平复帖》曾是宋徽宗的藏品，后来归了乾隆皇帝。乾隆皇帝将《平复帖》赏给了他的书法家儿子——成亲王永瑆，后又归了恭亲王奕䜣。清朝被推翻后，奕䜣的孙子溥心畬由于生活困难，曾经把唐代名画等珍宝卖到国外，收藏家张伯驹担心《平复帖》这件国宝流落海外，不惜倾家荡产，以4万元从溥心畬手中购得《平复帖》，历经艰险，悉心保管。1956年，张伯驹将《平复帖》捐献给北京故宫博物院。《平复帖》历经西晋、东晋、南北朝、隋、唐、五代、宋、元、明、清和中华民国递藏，历经1700余年沧桑，它的经历从另外一个角度说明了我国古纸的生命力。

【名称】五色麻纸
【年代】唐代
【现状】日本正仓院藏

　　晋代以后，造纸术传到南方，除了麻纸以外，藤皮、稻草、麦秸、楮皮、桑皮等被大量地利用起来。到了唐朝，各地都有各具特色的纸张，比如越州剡县（今浙江绍兴嵊州）特产用藤制作的纸和用海苔造的侧理纸，四川的竹纸，等等。但最有名的是时至今日我们仍广泛使用的宣纸。

　　唐代，著名的宣纸在安徽宣州（今宣城）泾县问世，人称"玉版宣"，是一种贡品。当时是用石灰水煮檀树皮，再暴晒、漂白后，捣成纸浆制纸（清代改为檀树皮与稻草合料制造）。其质地柔韧、洁白细腻、色泽耐久、吸墨性强，是毛笔书画的理想用纸，有"纸寿千年"之誉，至今仍为享誉世界的中国手工纸。宣纸产地广泛，安徽泾县、旌德、南陵、宁国、宣城、太平等地区，隋唐时都属于宣州，故取名宣纸。宣纸能够从全国各地众多名纸中脱颖而出的原因，是宣州地处皖南山区，此地有独一无二的青檀树，这种树在造纸性

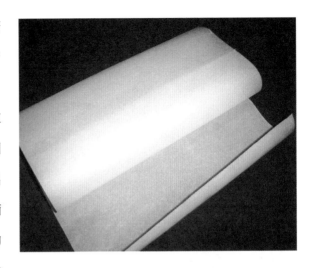

宣纸

能上优于楮树，造纸时选用两年生枝条；此地所产沙田稻草是宣纸原料中的重要配料；这里优良的水质也是造纸的关键。宣纸的制造工艺烦琐特殊，要经过浸泡、燎草、发酵、蒸煮、漂白、打浆、水捞、加胶等10余道工序，细分则超过百道，从开工至产出成品要历时1年，其中有些关键工序需要保密，极为讲究，工人要想熟练操作每道工序需5年时间，很多制作环节没有量化数据，全凭经验。宣纸并不是通过药物漂白，而是依靠日光和流水自然漂白。宣纸的纤维长，帚化好，在中国书法与绘画中，笔墨上浓淡干湿的丰富技术变化在宣纸上能得到淋漓尽致的展现，对作品的视觉效果和艺术表现力都有增益。

宣纸分为生、熟两种。生宣是成纸后未经加工，渗墨力强，宜于国画写意和行草书；熟宣经过上明矾和糨糊，渗墨力虽然不及生宣，但是宜于国画工笔和行楷书。唐张彦远《历代名画记》载："好事家宜置宣纸百幅，用法蜡之，以备摹写。古时好拓画，十得七八，不失神采笔踪。"这也说明宣纸在当时对于书画临摹已经是不可缺少的用品了。2009年10月，宣纸传统制作

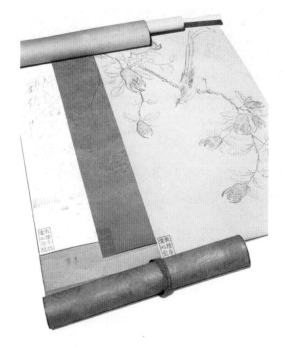

【名称】乾隆仿"澄心堂纸"
【年代】清代
【现状】中国国家博物馆藏

技艺被联合国教科文组织列入《人类非物质文化遗产代表作名录》。

宣纸出现后，后人也一直努力钻研，希望宣纸的制作技术能进一步提高，于是，澄心堂纸应运而生。南唐末代皇帝李煜是我国古代著名词人。他为了写词，命人在皇宫中的一个叫澄心堂的宫殿中专门制造一种高级的纸张，即著名的澄心堂纸。南唐被宋朝灭亡以后，这种皇帝御用的纸流入民间，被宋朝的文人们争相收藏，视为珍品，价格也昂贵，因此名满天下。

还有一些名人造的纸，如唐代成都著名女诗人薛涛将新采的荷花、鸡冠花等鲜花捣碎后加入制纸的麻料中，再用住宅旁浣花溪的水做成色彩斑斓的小诗笺，被人们争相收藏，被称为浣花笺或薛涛笺。

金粟山藏经纸，是宋代的名纸。浙江省海盐县西南有金粟寺，寺中收藏有大量的准备用来抄写佛经的纸张，纸上有朱印"金粟山藏经纸"。此纸造于宋代熙宁至元丰年间（1068—1085年），纸坊在苏州承天寺；系楮皮经加工而成，黄药濡染以防虫，因颜色发黄，内外加蜡、砑光工艺，乃宋代造纸业在笺纸生产发展过程中创造的技法，与唐代的仅仅加蜡，使纸坚挺平滑、透明美观之法不同，宋代的纸厚重、纹理粗、精细莹滑，不但书写效果尤佳，而且历经千年沧桑，墨色如初，光泽似漆。人们大多喜欢用它作为引首，装潢珍贵书画。

历代名纸中，除宋代金粟山藏经纸有些传世之外，明清时期宫廷使用的各种精制纸传世较多。明代所造纸张品种繁多，应用广泛，王宗沐在《江西省大志》中记录的当时江西抄造的纸多达28种。以原料命名的有竹纸、麻纸、楮皮纸、桑皮纸、藤皮纸、棉连纸等；以用途命名的有奏本纸、榜纸、写经纸等，其中以书画、书籍用纸最为讲究。明代宫廷为了满足高品质的用纸需求，还征召全国的造纸名匠，精心研究制造各种工艺精湛的名贵宫廷笺纸。宣德帝朱瞻基在位时，非常重视纸张生产，内府创制的珍贵宫廷御用笺纸统称为"宣德贡笺"，能够与"宣德炉"和"宣德瓷"齐名。"宣德贡笺"中，以金花五色笺、磁青笺、羊脑笺、素馨笺等为名贵珍品。其中，磁青笺是桑皮纸用靛蓝染成深青色，刚染时，颜色同当时的青花瓷相似，故此得名，再经砑光制成，光如缎、玉，纸色蓝黑，古朴雅致，金银其上，经久不褪，代表了宣纸制造最精湛的技艺。羊脑笺为"宣德贡笺"里又一个罕见品种，是对磁青笺的进一步加工。清沈初在《西清笔记》中有详细记载，羊脑笺的制法是，将羊脑和顶烟墨窖藏，经一定时间取出涂于磁青纸上，砑光成笺，表面呈黑色缎纹，抚之滑若琉璃，凉似冰，黑如漆，明如镜，制以写经，历久不坏，且可防虫蛀，更为名贵。

清代所造纸张品种相较明代更加繁多，生产力得到进一步提升。乾隆年间编纂了《四库全书》，这种耗纸量巨大的鸿篇巨制说明了当时造纸技术的提升。乾隆年间，除仿唐"薛涛笺"、仿南唐"澄心堂纸"、仿宋代"金粟山藏经纸"、仿元代"明仁殿纸"等历代名纸之外，还创制了五色粉笺、描金五色蜡笺、洒金银五色蜡笺等，这些纸张做工精细，成本高昂，都加盖有纸名的

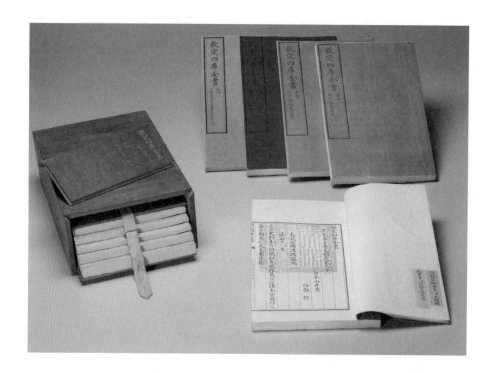

朱印。"梅花玉版笺"创制于康熙年间而盛行

于乾隆年间，是一种宫廷专用高级笺纸。此纸

原料为皮纸，表面涂粉蜡，然后用泥金绘出冰

【名称】乾隆《四库全书》
【年代】清代
【现状】台北故宫博物院藏

梅图，右下角勾云纹，栏内有朱文隶书"梅花玉版笺"字样。"仿明仁殿画金

如意云纹粉纸"是乾隆年间仿元代纸品，属于黄色粉蜡笺纸。此纸以桑皮为原

料，纸内外用黄粉加蜡，后用泥金绘出如意云纹，右下角钤朱文隶书"乾隆年

仿明仁殿纸"，纸质甚好，造价极高，为宫廷御用纸。

在我国古代，手工纸的用途很多，主要供书写、绘画、印刷等文化之

用。此外，还有生活及其他用纸，如用于糊窗、糊墙、包装以及扎纸花、剪鞋

样、糊灯笼、编纽扣、制鞭炮、做雨伞和纸扇等。

中国古代造纸术的最大成就之一，是对价廉而丰富的植物纤维原料的利

用。中国的造纸术经由阿拉伯人逐渐传至西方，西方人也认同此说法。纸草纸极不结实，羊皮纸制作麻烦，价格太贵。因此，它们都被物美价廉的中国纸取代了。

中国造纸术从魏晋南北朝时期就开始向外传播，并且逐步替代了各国原用的各类书写载体。中国的纸和造纸术最先传到近邻朝鲜，隋朝末年，再由朝鲜传至日

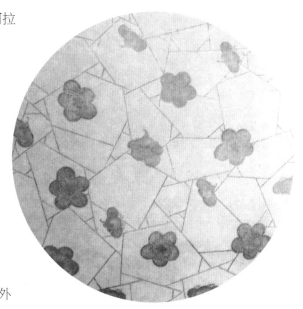

【名称】梅花玉版笺
【年代】清代
【现状】北京故宫博物院藏

本。中国的纸还随着丝绸之路上的商队及各国使臣传往西域，唐代传至撒马尔罕。此后，又辗转向西传播。17—18世纪，传至美洲和大洋洲。中国造纸术的发明与传播，使文字载体的成本大幅度下降，效率显著提升，知识得以在普通大众之间普及，这对传播国家的文明以及科技、经济发展都起到了巨大的推动作用，所以造纸术自诞生至今，依然对世界文化的发展有着意义深远的影响。

印刷术

　　纸的发明和普遍使用，促使书籍的数量日渐增加。隋文帝创立科举制、唐太宗推行《氏族志》，这些政策使得平民百姓可以通过读书考试进入社会上层，因此读书人多了起来，对书籍的需求量也大大增加。晋朝初年，官府有书29945卷。南北朝时候，梁元帝在江陵有书籍7万多卷。隋朝嘉则殿中有藏书37万卷，这是我国古代国家图书馆藏书的最高纪录。除了官府藏书，私人藏书也越来越多。比如晋朝郭太，有书5000卷；张华搬家的时候，单是搬运书籍，就用了30辆车子。发明印刷术以前，只有官府和郭太、张华那样的富人才能有这么多的藏书，一般人即使要得到一两本书也很不容易，因为那时的书都是手抄本。随着百姓对于书籍的需求量日益增多，单靠手工抄写书本已经不能满足社会的需要，这就促使人们寻求提高书籍产量的方法。

唐人写经

经过长时期的摸索和实践，中国人发明了雕版印刷术。雕版印刷术是我国劳动人民在中国古代图章盖印和刻石拓碑的基础上发展起来的，是盖印和拓石两种复制文字方法的结合和统一。雕版印刷的第一步是制作原稿；第二步是将原稿反转过来摊在平整的大木板上，固定好；第三步是工匠把原稿（画上去的或写上去的）在木板上雕刻出来，大师级雕工负责精细部分的制作；第四步是刷上墨，加压形成原稿的复制品。

唐太宗的长孙皇后编写了一本叫《女则》的书。贞观十年（636年），长孙皇后逝世，唐太宗下令用雕版印刷把《女则》印出来，这是我国文献资料中提到的最早的刻本。大诗人白居易把自己写的诗编成《白氏长庆集》，并雕版印刷，很受欢迎，街上到处有人叫卖。唐朝刻印的书籍，现在保存下来的只有清光绪二十六年（1900年）在敦煌发现的《金刚般若波罗蜜经》，刻于唐咸通九年（868年）。清光绪三十三年（1907年），它被英籍匈牙利人斯坦因盗去，现存于大英博物馆。

五代时候，四朝宰相冯道建议并主持雕版印刷儒家经典。从后唐长兴三年（932年）到后周广顺三年（953年），花了22年的时间，才全部刻成。这是国家大规模开展出版印刷事业的开始。

宋代是中国古代出版事业的鼎盛时期。赵氏统一中国后，以文人治国为方针，教育文化发达。京城汴京有太学和武学、律学、算学、医学、画学等专科学校；乡校、家塾、书舍遍及各地。由于学生众多，自然需要课本与各种图书。学术文化发达，也为印刷业提供大量稿源。宋代政府主办的出版事业很兴盛，中央机构除国子监外，崇文院、秘书监、司天监和校正医书局等也都出版书籍。两宋官府刻书以国子监为主，曾刻印《十二经正义》《十七史》《资治通鉴》《唐律疏议》《说文解字》《黄帝内经·素问》《武经七书》《算经十

书》《文选》《文苑英华》《册府元龟》等
重要典籍。地方的各官署、州学、军学、郡
学、县学和书院等都出版书籍。宋代的民营
出版业也发展迅速，刻书地点几乎遍及全国。

【名称】《金刚般若波罗蜜经》
【年代】唐代
【现状】大英博物馆藏

　　宋版书在刻工刀法上极为精细，字体"肥瘦有则""秀雅古劲""笔势
生动"。除字体外，"纸质莹洁，墨色青纯""墨气香淡，纸色苍润"。因
此，宋版书代表了我国历代版刻印刷的最高水平，历来受到推崇、仿效与珍
藏。其中的世间孤本，文献价值极高，为国之重宝。

　　雕版印刷书籍远远超越了抄本书的界限，促进了书籍的大量出版发行，
因而推动了科学文化的发展。中国古代大量的文献典籍能够留传和保存下来，
雕版印刷术具有不可磨灭的功绩，它不仅对中国，也对世界科学文化的传播、
人类社会的发展起到了不可估量的作用。2009年10月，中国雕版印刷技艺被联

合国教科文组织列入《人类非物质文化遗产代表作名录》。

　　可是用雕版印刷的方法，印一种书就得雕一回木版，人工投入仍旧很多，有些书字数很多，常常要雕好多年才能雕好，万一这部书印了一次就不再重印，那么雕得好好的木版就完全没用了。有什么办法改进呢?

　　北宋庆历年间（1041—1048年），平民毕昇发明了用胶泥制活字的印刷术，这是印刷技术的重大改进，比朝鲜、德国用铅活字印书早400年左右。活字印刷术的发明和发展，是这一时期印刷技术的重大改进，也是中国人民在世界印刷史上的一项重大贡献。

【名称】《宋板晦庵先生文集》
【年代】宋代
【现状】台北故宫博物院藏

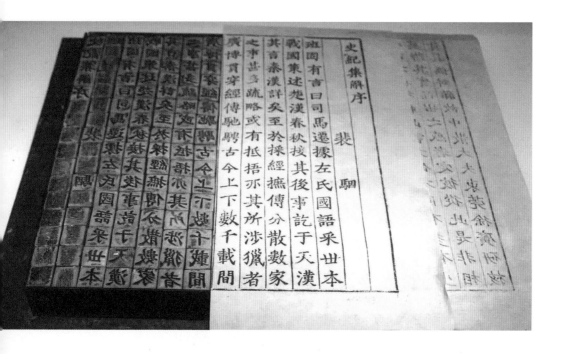

元大德年间（1297—1307年），著名农学家王祯采用木活字印书。毕昇试验过用木刻的字模印书，但因木质有伸缩性，濡墨后高低不平，且与固定活字的松香等物相粘，不容易取下，便放弃了。王祯用木质致密的梨枣木制造活字，并改用竹片嵌夹字模，较好地解决了这一技术问题。王祯对活字印刷技术的另一个重要贡献是转轮排字架的发明。毕昇已知将字模按韵存放，便于寻检，但仍是"以人寻字"，终觉不便。王祯以分格转轮贮字，每字依次编码，登录成册。排版时，一人按册报号，一人推动转轮择字，"以字就人"，大大提高了排字的效率。

【名称】活字版模型
【年代】宋代
【现状】中国国家博物馆藏

明代，我国发明了彩色套印技术，使书中的插图五彩缤纷，更加赏心悦目。明代称这种印刷方式为"饾版"，清代中期以后，称为"木版水印"。制作者将画面分成不同色块，分别勾摹下来，把每种颜色各刻一块版，然后固定在准确的位置上，逐色由浅入深依次套印，印出来的画面色彩丰富，层次分明，精美绝伦。其因形似"饾饤"而得名，饾饤是一种五色小饼，做成花卉、禽兽、珍宝的形状，以供陈设。吴发祥于天启六年（1626年）刻印的《萝轩变古笺谱》，堪称我国古代拱花木刻彩印笺谱之首，是中国早期木版彩印的精品。

花斗

蘿軒摹

【名称】《萝轩变古笺谱》局部
【年代】明代
【现状】上海博物馆藏

雕版印刷术发明后，逐渐传到东方和西欧各国。9世纪末，朝鲜已有雕版印书，11世纪初，刻成著名的《高丽藏》。日本有确凿年代的最早的雕版印刷文献是宽治二年（1088年）刻《成唯识论》。13世纪，在中亚、西亚地区出现了古维吾尔文、梵文雕版印书和波斯印纸币。14世纪，德国纽伦堡出现雕版印刷的宗教版画。

清代的活字印刷以木活字为主，其次是铜活字和泥活字，在印刷技术上较前代有所发展。清代铜活字印书最著名的是康熙末年内府排印的《古今图书集成》，全书共1万卷，印刷精良。清内府的铜活字都是一一刻出的，《古今图书集成》印刷竣工后，曾专门在内廷武英殿修书处设立铜字库庋藏。乾隆元年（1736年），因京师钱贵，遂将铜活字销毁铸钱。乾隆时，编纂《四库全书》，拟从中选出"世罕传本"若干种刊行，开始打算雕版印刷，经四库馆副总裁金简建议，改用活字排印。乾隆三十九年（1774年），完成枣木活字大小共25万字以及整套排版工具。乾隆帝认为"活字"名称不雅，改称"聚珍"。清内府在武英殿先后用这副木活字排印了130多种书籍，世称"武英殿聚珍版丛书"，直到嘉庆初年才告一段落。金简还将排印的工艺编成《武英殿聚珍版程式》一书，这是继沈括、王祯的记载之后，中国古代活字印刷技术的又一重要文献。此后，活字印本一般都称为"聚珍本"。

中国古代活字印刷除用泥活字、木活字、铜活字以外，还有磁活字、锡活字、铅活字，虽然在时间上晚于朝鲜与欧洲，但在中国活字印刷史上，仍是一大进步。

冶金铸造

在古代，金属冶炼往往代表一个国家的生产力水平。我国地大物博，金属矿藏丰富，为冶金业提供了优越的条件。在甘肃东乡县马家窑文化遗址中发现的距今约5000年的青铜刀，以及在其他新石器晚期遗址中相继发现的早期铜器、铜渣等，标志着中国冶金业的诞生。《左传》等文献中关于夏代铸九鼎的记载和这一时期遗址中出土的青铜器物，说明随着夏王朝的建立，青铜冶铸业有了初步发展。

概述

古代冶金是从新石器时代晚期的采石和烧陶发展起来的。采石时，人们不断发现各种金属矿石，而烧陶窑为金属的冶铸准备了高温炉，矿石在炉内还原条件下被冶炼成金属。那时的铜是铜和锡的合金，并含有一定量的铅，因颜色青灰，被称为青铜。铜锡合金硬度高、熔点低，具有较好的铸造性能和机械性能。青铜工具比石器锋利耐用，用坏后还可以改铸。青铜冶铸技术的发明是社会发展史上的重要里程碑。

《周礼·考工记》中全面总结了青铜冶铸技术，比如："金有六齐

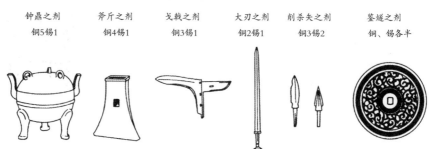

（配制青铜的6种方剂）

钟鼎之剂	斧斤之剂	戈戟之剂	大刃之剂	削杀矢之剂	鉴燧之剂
铜5锡1	铜4锡1	铜3锡1	铜2锡1	铜3锡2	铜、锡各半

"金六剂"示意图

（剂）：六分其金而锡居一，谓之钟鼎之齐；五分其金而锡居一，谓之斧斤之齐；四分其金而锡居一，谓之戈戟之齐；三分其金而锡居一，谓之大刃之齐；五分其金而锡居二，谓之削杀矢之齐；金、锡半，谓之鉴燧之齐。"分别指出了钟鼎、斧头、戈戟、大刀、箭镞、铜镜所需的不同的铜和锡的比例。

虽然世界史上，上古社会的各个文明均被称为青铜时代，但我国的青铜器因遗存数量巨大、种类繁多、艺术精湛、特色鲜明而举世无双。中国的青铜器与埃及的金字塔，希腊的建筑、雕刻齐名，堪称世界古代文化艺术的代表。青铜器的造型源于原始陶器和骨角器，主要分为炊具、食具、酒具、乐器、兵器、农具以及货币和装饰物等。商代贵族祭祀神灵和使用的食具、酒具造型最为奇伟壮丽，纹饰极为怪异，是充满迷信色彩的商代社会精神的鲜明力证。周王朝以宗法礼仪治国，很多青铜器成为祭祀祖先的重器和"子孙永宝"的纪念性礼器，造型纹饰端庄典雅。长篇的铭文成为珍贵的历史文献。春秋以后，礼崩乐坏，青铜器只作为贵族的实用器具，风格变为精巧华丽，特别是饰有错金银花纹的，极为精致瑰丽。

古书上记载，大禹王将天下划分为九州：冀州、兖州、青州、徐州、扬州、荆州、豫州、梁州、雍州。大禹王在位第十年，南巡到涂山（今安徽蚌埠），在这里大会天下诸侯，献上玉帛前来朝见的各地诸侯王竟达万名之众。为纪念这次盛会，"禹收九牧之金，铸九鼎"（班固《汉书·郊祀志》），即接受九州牧所进贡的青铜，铸造了9个大鼎。九鼎被置于宫门之外，借以显示夏王成了九州之主，实现了天下统一。九鼎成为王朝政权的象征。周武王灭商后得到了九鼎，也标志着周人取得政权的合法

【名称】后母戊鼎

【年代】商代

【现状】中国国家博物馆藏

性。春秋后期，随着周王室力量的衰落，强大的诸侯便对九鼎产生了觊觎之心。野心勃勃的楚庄王曾带兵来到周朝都城洛邑，向周定王的大臣王孙满询问九鼎之轻重大小，但被机智的王孙满训斥了一番，悻悻而归。这就是"问鼎"一词的由来，"问鼎"遂成为图谋夺取天下的代名词。据传，周朝灭亡前夕，末代周天子将九鼎沉没于泗水渊底。秦始皇曾派人下水打捞，未能如愿。作为权力象征的九鼎，也从此在历史上销声匿迹了。

中国国家博物馆收藏的后母戊鼎是我国现存最大最重的青铜器，于1939年3月在河南省安阳市武官村被发现。后母戊鼎雄伟壮阔、威严庄重，堪称中国奴隶制社会昌盛期青铜器艺术的重要代表、中华青铜之最、国之重宝。鼎通高133厘米，横长110厘米，宽78厘米，重875公斤，反映了商代青铜铸造工艺的高超水平。鼎腹内长壁上有"后母戊"三字铭文，是商王帝乙为祭祀其母后而作的。铸造后母戊鼎至少需要1000公斤以上的原料，且要在二三百名工匠的密切配合下才能完成。鼎器身与四足为整体铸造，鼎耳则是在鼎身铸成之后再装范浇铸而成。制作如此大型器物，在塑造泥模、翻制陶范、合范灌注等环节中，存在一系列复杂的技术问题，同时必须配备大型熔炉。"后母戊"青铜鼎的铸造，充分说明商代后期的青铜铸造不仅规模宏大，而且组织严密、分工细致，显示出商代青铜铸造业杰出的技术成就。

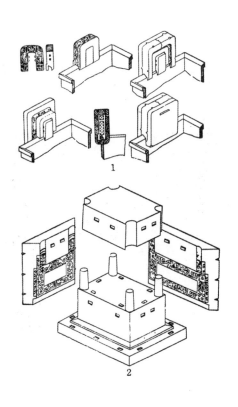

后母戊鼎铸造示意图

曾国，也称随国，是周朝时与周天子亲戚关系比较疏远的宗族小国。但是曾侯乙墓中出土了精美的青铜礼器、乐器、兵器、金器、玉器、车马器、漆木竹器以及竹简等文物1.5万余件。

曾侯乙墓是1978年夏天在湖北省随州市西北约1公里处擂鼓墩被发掘的，墓中出土的青铜冰鉴是目前为止发现的最复杂的古代青铜器。冰鉴由方鉴、方尊组成，鉴盖铸有铭文，显示器物为曾侯乙所有。方尊放在方鉴中，方鉴圈足上的三个榫眼正好与方鉴底部的三个弯钩扣合；方鉴的盖子中空，正好容纳方尊的颈部。方尊装酒，与方鉴间的空隙是用来放冰的。繁复而排列有序的透空纹样属于熔模（失蜡）铸件，有可能用蜂蜡作为模料。由此可知，早在公元前5世纪，失蜡铸造法在中国已有较高的技艺水平。

曾侯乙编钟是我国迄今发现数量最多、保存最完好、音律最全、气势最宏

【名称】曾侯乙青铜冰鉴
【年代】战国
【现状】湖北省博物馆藏

伟的编钟。钟是一种打击乐器，9枚一套或13枚一套。频率不同的钟依大小次序成组悬挂在钟架上，形成合律合奏的音阶，称为编钟，用于祭祀或宴饮时伴奏。钟的大小和音的高低直接相关。曾侯乙编钟呈曲尺形，短架长335厘米、高273厘米，长架长748厘米、高265厘米。每架分为上、中、下3层，由65件钟、镈组成，上层为3组钮钟，19件；中层为3组甬钟，33件；下层为2组大型甬钟，12件，另有1件大镈钟。全套编钟音域宽广，从最低音到最高音，跨越了5个八度，仅比现代钢琴少2个八度；音列充实，乐音的排列也与现代钢琴相同，每件钟均有呈三度音程的2个乐音，可以分别击发而互不干扰，亦可同时击发，构成悦耳的和声，堪称奇巧；音色优美，具备旋宫转调，能演奏七声音阶的多种乐曲，在中国音乐史上占有重要的地位。不仅如此，编钟上还镌刻有乐律铭文，加

【名称】曾侯乙编钟
【年代】战国
【现状】湖北省博物馆藏

上钟架、钩上的铭文，共有铭文3755字。乐律铭文说明我国早在战国时代不仅有七声音阶，而且在七声音阶之间还有5个完备的中间音，已经形成了完整的十二乐音体系。钟铭对每个音的名称和发音部位都有明确的记载，还记述了曾国律名与楚、晋、齐、申、周等国律名的对应关系，钟铭所见律名28个、阶名66个，绝大多数是前所未知的新材料。这套编钟的铭文，称得上是一部重要的中国古代乐律理论专著。整套编钟制作精良、工艺精湛、技术高超，高度集中地反映了我国古代先进的青铜铸造技术。

越王勾践剑

被誉为"天下第一剑"的越王勾践剑是1965年12月在湖北省荆州市江陵县境内望山楚墓群的一号墓中出土的。这把古剑距今约2500年，仍然青光夺目，毫无锈蚀；剑刃锋利无比，竟然能够一下划破20余层纸，令人瞠目结舌。越王勾践剑通长55.7厘米，剑宽4.6厘米，柄长8.4厘米。剑格两面分别用蓝色琉璃和绿松石镶嵌成变形的兽面纹，整个剑身满饰黑色的菱形暗纹，剑身中间两面各有一道微凸的棱，锋锷弧线内收，呈两度弧曲。靠近剑格处有8个错金鸟篆体铭文："越王勾践，自作用剑。"越王勾践是我国春秋时期赫赫有名的霸主，他虽然曾被吴王夫差打败，但是并不气馁，卧薪尝胆，后大破吴国，称霸诸侯，成为一代枭雄。

春秋战国时期的铸剑大师欧冶子为越王勾践铸了5把宝剑：湛卢、纯钧、胜邪、鱼肠、巨阙。以湛卢剑最为有名。越王勾践剑是否为这5把名剑其中之一，就不得而知了。越王勾践剑沉睡了2000余年，为何崭新如初、光芒依旧？它是如何铸造和防锈的呢？

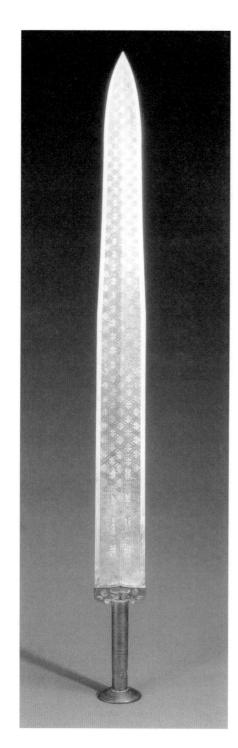

利用现代科学技术对越王勾践剑进行化学分析，发现宝剑的主要成分为铜、锡、铅、铁、硫、砷等元素，但各个部位元素的含量不同：剑脊含铜量较多，韧性佳，不易折断；剑刃含锡量高，硬度大，故而锋利。脊部与刃部成分的差异，是采用了复合金属工艺的结果，即先浇铸含铜量高的剑脊，再浇铸含锡量高的剑刃，这是因为铜比锡的熔点高，可以承受第二次浇铸的高温而不至于熔化。这种复合金属工艺，能使剑既坚韧又锋利，收到刚柔结合的良好效果。另外，研究发现剑身菱形花纹处表面黑色部位是用硫粉处理而形成的，硫化的主要作用是防锈。硫化层非常薄，只有0.01毫米，正是这薄得不可思议的保护层，使古剑即使在潮湿的土层中埋藏2000多年，也不锈不腐，堪称奇迹。

【名称】越王勾践剑
【年代】春秋
【现状】湖北省博物馆藏

秦始皇铜车马

史载秦始皇收六国之兵器铸造了12个"金人"，高5丈。可惜这些巨型铜像分别被东汉末年的董卓和十六国时期的苻坚销毁。秦始皇陵兵马俑坑的大型彩绘铜车马，均为驷马单辕车，车上鞍具、挽具齐备，车、马和俑的大小约为实物的1/2。车和马由3000多个部件组成，各个部件都是铸造成型，并使用了嵌铸、焊接和镶嵌等技法，至今各链条仍甚灵活，窗门开启自如，牵引辕衡，还能拖动车轮转动，铸造工艺甚为精湛，反映了秦代铸造技术的高超水平；人物造型严谨逼真，神态镇定安详，大气磅礴。该铜车马为研究秦朝的舆服制度提供了宝贵的实例，因此是具有极高历史、科学和艺术价值的一级珍贵文物。

铜犀牛与铜奔马

中国国家博物馆收藏的错金银云纹铜犀尊是最为精美的古代铜器。此尊于1963年在陕西兴平市被发现，有可能是汉武帝刘彻的随葬品，在盗掘过程中被丢弃。犀尊长58.1厘米，高34.1厘米。犀牛昂首伫立，肌肉发达；背上开口、带盖，盖身相连，可以自由开合；首有双角，两耳前耸，双目嵌黑料珠；四腿矮粗，臀部肥圆，短尾下垂，微向后翘。犀尊表面遍饰精细的错金银云纹，与躯体骨骼筋肉的起伏变化相配合，全身布满的流云嵌入了断断续续的金银丝，好像犀牛身上的毫毛，金、银、铜三色交相辉映，华美的纹饰既具有很强的装饰效果，又有助于表现犀皮粗糙厚重的质感，使纹饰与造型得到完美的结合。其高超的写实技巧和工艺水平是后人叹为观止和难以企及的，堪称古代艺术杰作。

在青铜器上错金银的方法是：第一步，制作母
范时预刻凹槽；第二步，铜器铸成后，凹槽还需要
加工錾凿精细的纹饰；第三步，镶嵌金银丝、金银
片；第四步，金银丝或金银片镶嵌完毕，铜器的表面并不平整，必须用错石磨
错，使铜器表面自然平滑，达到与金银丝或金银片严丝合缝的地步。

【名称】错金银云纹铜犀尊
【年代】汉代
【现状】中国国家博物馆藏

除了错金银工艺，还有一种"镏金"工艺，即把黄金碎片放在坩埚内，
加温至400摄氏度以上，然后再加入为黄金7倍量的汞，使其熔解成液体，制
成所谓的"泥金"。用泥金在青铜器上涂饰，用无烟炭火温烤，使汞蒸发，
黄金就固定于青铜器表面了。

镏金工艺最精美的是1981年在陕西兴平汉武帝茂陵一号随葬墓出土的镏
金铜马。茂陵一号随葬墓是汉武帝的大姐、阳信长公主和大将军卫青夫妇的

墓。镏金铜马通高62厘米，长76厘米，重25.55公斤。马作站立状，体态矫健。铜马通体镏金，表面光洁度很高，镏金匀厚，金光灿烂，显示了西汉后期雕塑与冶铸的技艺达到了高超的水平。

【名称】镏金铜马
【年代】汉代
【现状】陕西省茂陵博物馆藏

除了汉武帝茂陵一号随葬墓出土的鎏金铜马外，还有一匹著名的铜马，即1969年甘肃武威县雷台东汉墓出土的铜奔马，亦称马踏飞燕。它体态健美，昂首扬尾，三足腾空，右后蹄下踏着一只飞鸟。飞鸟展翅欲飞，回首作顾眄惊愕状，支撑着奔马，并成为器座。中国古代匠师以丰富的想象力、精巧的构思、娴熟的工艺，把奔马和飞鸟绝妙地结合在一起，以迅疾的飞鸟衬托奔马的神速，塑造出飞鸟回首注目惊视的形象，不仅造型生动活泼，而且巧妙地使奔马的重心集中在蹄下的飞鸟上，将奔马的腾踔不羁之势与平实稳定的力学结构凝为一体，成为一件罕见的汉

【名称】马踏飞燕
【年代】汉代
【现状】甘肃省博物馆藏

代青铜铸造技术的精品。铜奔马出土以后，即受到广泛的赞誉，被誉为古代雕塑艺术的奇葩、伟大的浪漫主义艺术杰作。铜奔马的形象今天已经成为国际上著名的中国文化和旅游的标志。

古代铜镜

唐太宗李世民说："以铜为鉴，可正衣冠；以古为鉴，可知兴替；以人为鉴，可明得失。"古人用铜鉴盛水照面，故镜又称鉴。从战国到明清，人们主要使用铜镜，直到近代大量使用玻璃镜以后，铜镜才被取代。据分析，一般铜镜含铜约70％，锡约24％，铅约5％。铜镜与其他青铜器相比，锡的含量较高，这有利于使镜面光亮，宜于映照。

但是使用时间长了以后，镜面还是会模糊，因此古代有专门的磨镜人，走街串巷，以铅锡粉为人磨镜。磨镜人以用毛毡一类的物品蘸粉状磨镜药（以锡、汞以及另外几种辅助

【名称】《磨镜图》
【年代】清代
【现状】中国国家博物馆藏

材料混合而成的粉剂）在铜镜表面
上揩擦的方法进行处理，使铜镜
表面形成富锡层并加以抛光，呈
现出白亮如银的效果。

百炼钢刀

西晋大将军刘琨有两句"何意
百炼钢，化为绕指柔"的千古绝唱。诗
中用千锤百炼的精钢象征豪杰坚韧的斗志。不过
我国古代的确有"百炼钢"。由于我国金属铸造
技术十分成熟，能够很好地控制炉温，所以早在
春秋时期就掌握了熔化炼铁技术，获得了生铁。生铁含碳量、硬度非常高，容
易折断或开裂。

【名称】山字铜镜
【年代】战国
【现状】中国国家博物馆藏

西汉时期，我国又发明了一项新的炼钢技术——炒钢。顾名思义，由于
在冶炼过程中不断搅拌，类似炒菜一样而得名。炒钢是把生铁加热成液态或半
液态，加入铁矿粉，大力搅动（这就是所谓的"炒"），让粥状生铁脱碳，并
去除部分杂质，最后成钢。由于工艺简单、原料易得、生产效率高、所得钢材
质量优良，所以炒钢技术得到广泛应用。在炒钢的基础上，将钢材反复加热、
折叠锻打，在锻打的过程中，杂质进一步被排出，钢的内部成分更加均匀，结
构更加细密，这就形成了质优性强的百炼钢。我国古代有许多宝刀、宝剑都是
用这种方法制成的。

满城汉墓出土的500多件兵器中，就有我国最早采用刃部淬火新工艺打造

的铁剑。中国国家博物馆收藏着一把环首错金钢
刀，可以说是百炼刀剑中的精品。钢刀长79.8厘米，
椭圆形环首，上有错金工艺的几何形卷云纹饰，镡部

【名称】环首错金钢刀
【年代】汉代
【现状】中国国家博物馆藏

以上、刀身两侧均饰有错金流云纹，间有羽饰，这种纹饰比较罕见。刀脊有错
金铭文54字，首先标识了这件钢刀的制造年代为"永寿二年"，永寿是东汉桓
帝的年号，这一年是156年。最重要的是，铭文描述了钢刀的制作工艺为"廿
灌百辟"，即经历上百次的折叠锻打，才造就出如此精良的利刃。其十分重要
的科技价值在于它是我国灌钢技术的最早物证。

狮子与菩萨

唐代以后，代表铸造艺术和技术水平的是大型器物。河北省沧州铁狮
子，铸于五代后周广顺三年（953年），重10余万斤，是中国现存最早的大型
铸铁艺术品。故宫太和门前的铜狮是明朝铸造的，高2.36米，气势浑厚雄壮，
是最精美的一对古铜狮。

河北正定隆兴寺大悲阁内的大悲观音像，铸造于北宋开宝四年（971
年），通高22米多，是国内现存铜造像中最高者之一。峨眉山半山万年寺身骑
白象的普贤铜像于北宋太平兴国五年（980年）铸造。北京卧佛寺内卧佛于元

河北省沧州铁狮子

至治元年（1321年）铸造。现存于北京大钟寺的金刚华严钟，通高6.75米，外径3.3米，重约46.5吨，为国内现存最大的铜钟。钟内外铸有《华严经》《金刚经》《金光明经》等，共23万余馆阁体楷字。

皇帝的金冠

定陵是明朝第十三位皇帝——万历皇帝神宗朱翊钧的陵墓，墓中最为珍贵的是万历皇帝的金冠，本名为"翼善冠"，重约800克，皇冠顶上装饰

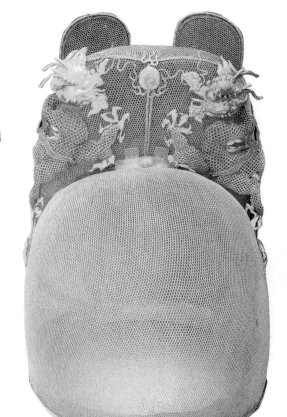

着龙凤，姿态生动。这件金冠用极细的金丝编成翼兽的形象，用两条金丝编成的金龙对称装饰在冠顶的两侧，居中是一颗火焰宝珠。金龙采用高超的累丝工艺制成，充分显示了明代皇家金银工艺的高超水平。万历帝的金冠可谓稀世之宝，冠顶金龙飞舞，威严雄猛，象征着帝王至高无上的权威。累丝工艺，又称为细金工艺、花丝工艺，是将金、银、铜等抽成细丝，然后通过堆垒编织等技法制成饰物。

【名称】万历皇帝的金冠
【年代】明代
【现状】北京定陵博物馆藏

景泰蓝与宣德炉

珐琅工艺是西方的传统工艺美术种类，在元代称作"大食窑"或"鬼国嵌"，从阿拉伯地区传入，不久便在中国艺术土壤上扎根、开花、结果，并迅速完成了民族化过程，成为中国特色的工艺美术之一。掐丝珐琅是以铜胎为主，以薄而窄的扁铜丝掐成各种图案，焊于铜胎，再填以各色珐琅料，经

烘烧、磨光、镀金
而成。

明宣德至景泰
年间（1426—1456
年），宫廷御用监
的掐丝珐琅工艺
最为精湛。可能
是由于带景泰
款的最多，色调
又以蓝色为主，所
以后世将掐丝珐琅
称为"景泰蓝"，这
个名称一直沿用至今。
此时的珐琅器胎体厚
重，镀金足赤，铜丝宽
厚而匀，因此所填珐琅
玻璃釉也很厚。釉色有
浅蓝、宝蓝、大红、墨绿、娇黄、砗磲白等，
釉质纯净透明，色调浓郁，呈现出和田玉的温
润光泽。

【名称】景泰蓝炉
【年代】明代
【现状】中国国家博物馆藏

著名的宣德炉，即明朝宣德皇帝命令用暹罗国（今泰国）进贡的风磨铜
铸造的一批以充庙宇供器或宫内陈设的铜香炉。宣德炉名贵异常，这是由于宣
德炉的造型极为优美适度，系吸取商周鼎彝和宋代官、哥、汝、定等著名瓷

器的造型专门设计的，更重要的是，由于风磨铜铜
质精良，再配合以金、银、铅、锡、硇砂、胭脂
石、安澜砂等原料，经多达12炼后成器，因而其
质感和光泽极佳，有"宝色内涵、珠光外观"的美誉。

【名称】宣德炉
【年代】明代
【现状】中国国家博物馆藏

漆器工艺

  漆器就是用漆涂在各种器物的表面上所制成的工艺品。漆器，像陶瓷、丝绸一样，也是中国的特产，是中国古代在化学及工艺美术方面的重要发明。中国现代考古发掘实物证明，中国是世界上最早发现并使用天然漆的国家。从新石器时代起，我们的祖先就认识到了漆的性能并用以制器。从商周到明清，中国的漆器工艺不断发展，达到了相当高的水平。中国的戗金、描金等工艺品，对日本等地具有深远影响。

概述

  生漆是从漆树割取的天然液汁，主要由漆酚、漆酶、树胶质及水分构成，用它做涂料，有耐潮、耐高温、耐腐蚀等特殊功能，并且光彩照人，十分美观。天然漆为白色，晾干后为黑色，而且黑得极为浓重，"漆黑"一词就是这么来的。虽然漆器以黑色为主，但也可以配制出不同色彩。比如加入朱砂，就成了鲜红色。漆器的主要特点是可以抛光到与瓷器媲美。漆器的制作工艺相当复杂，费时费工，必须制作胎体。胎体多为木制，偶尔用金属或其他材料，也有用麻布披灰而固化漆最后形成脱胎漆器的。胎体完成后，漆器艺人运用多种技法对表面进行装饰。

漆器在我们今天的生活中已经很少使用了。特别是价廉物美的塑料制品出现以后，漆器便淡出了人们的日常生活。因为漆器的制作工艺相当复杂，制作成本很高，因此价格昂贵，是和金银器、玉器、铜器一样珍贵的器物，是古代贵族才用得起的。古书上记载：一只漆杯的价钱，相等于10只铜杯；一面漆屏风，要花上一万个工时。可见漆器的珍贵。《韩非子·十过》说："尧禅天下，虞舜受之。作为食器，斩山木而财之，削锯修其迹，流漆墨其上，输之于宫，以为食器，诸侯以为益侈，国之不服者十三。"这段记载说明当时已有漆器，也说明当时漆器属于高级用品，使用它的大舜王因此被弹劾奢侈腐败。1978年，在浙江余姚河姆渡遗址发现的朱漆木碗是目前所知我国最早的漆器。商周时期的许多遗址墓葬也都有漆器发现，有彩绘漆器，还有嵌绿松石、螺钿和象牙的漆器，十分华美，只是大都已腐烂，完整的很少。战国和两汉是我国漆器艺术大发展的时期，大哲学家庄子就曾经是管理漆树园的小官。漆器作为饮食器皿，为统治阶级所爱好，制作极盛，在一定程度上取代了金、玉、铜容器。

魏晋以后，由于瓷器的迅速发展，上层贵族的日用器皿也多用瓷器代替，漆器失去了往昔重要的地位，但向着更加高级、精致的艺术化方向进步了。除了传统的一色漆、彩绘漆和镶嵌漆器之外，人们又创造出金银平脱、戗金、描金、雕填、雕漆等多种更加精美华丽的装饰方法。我国历代漆器艺术不断发展完善，时至今日，千文万华，留下了许多人类艺术史上的珍宝。

彩绘漆器

晋以前的漆器以彩绘漆器为主，制作精巧，色彩鲜艳，花纹优美，装饰精致，是珍贵的器物，但是能留传至今的很少。汉、晋时期的漆器，迄今已在40多个县、市的近80个地点有过发现，分布地域和出土数量都远远超过前代。长江中下游各地出土的完整漆器较多，这可能与地理环境及墓室结构提供的较好的保存条件有关。其中，以江陵楚墓、长沙楚墓、湖北云梦和四川青川秦墓、湖南省长沙马王堆汉墓、湖北省江陵凤凰山汉墓中出土的成批漆器最为著名。所见漆器种类繁多，家具有床、几、案、箱；炊厨用具有俎；饮食器有盘、盂、卮、樽、耳杯、勺、匕；妆奁器有奁、盒、梳、篦、鉴；陈设品有座屏；仿铜礼器有鼎、豆、壶、钫等。此外，还发现许多乐器，如鼓、瑟、笙、编钟架；兵器，如甲胄、盾、弓、矢以及戈、矛等长兵器的柲；交通工具，

【名称】漆餐具
【年代】汉代
【现状】湖南省博物馆藏

【名称】曾侯乙墓出土鼓架复制品

【年代】现代

【现状】湖北省博物馆藏

如车与肩舆等；丧葬用具，如棺、笭床、镇墓兽等也都经过髹漆。可见漆器种类之全，用途之广。有些漆器上刻有"大官""汤官"等字样，系主管皇家膳食的官署所藏之器；书写"上林"字样的，则是上林苑宫观所用之物。据有的漆盘铭文，当时长乐宫中所用漆器，仅漆盘一种，即达数千件之多。贵族官僚家中亦崇尚使用漆器，往往在器上书写其封爵或姓氏，如"长沙王后家般（盘）""侯家""王氏牢"等，作为标记，以示珍重。这些漆器大都保存完好，经过脱水处理，光亮如新，颜色鲜艳，彩画纹样精美流畅，上面花纹的线条细如蜘蛛丝缕，极为纤细灵动。江陵望山楚墓发现的透雕彩绘凤、鸟、鹿、蛇纠结在一起的小屏风基座，构思设计复杂巧妙，彩画之绚丽多彩令每一位观者都出乎意料、叹为观止。

【名称】屏风基座

【年代】周代

【现状】湖北省博物馆藏

脱胎漆器与一色漆器

魏晋以后，佛教盛行，佛像既要高大，又要体轻，便于车载游行，供市民礼拜，于是出现了夹纻佛像。脱胎漆器古称夹纻，即用生漆将丝绸、麻布等织物糊贴在泥、木或石膏制成的内胎上，裱贴若干层后，形成外胎；然后脱去内胎，以中心空虚的外胎作为胎骨，经过上灰、涂漆、打磨、装饰等工序制成的漆器。东晋杰出的雕塑家戴逵（字安道），曾为洛阳招隐寺造五尊夹纻佛像。传世实物有日本唐招提寺的鉴真坐像、现藏于美国大都会艺术博物馆的唐代坐佛像等。

在唐宋时期的诸多漆器品种中，一色漆器成为主流。从考古发掘和传世作品来看，有朱、紫、栗、黑色，除了著名的唐宋古琴外，主要是碗、盘、盒、奁、钵、托等器皿，造型与同时期的瓷器相同，舒展大方，加上漆色单纯朴素、精光内涵，给人以简洁大方、古朴雅致的感觉，符合唐宋时期文人士大夫的审美风尚。

明清时期，很少制作一色漆器，脱胎技艺也失传了。乾隆帝喜爱宋代的一色脱胎漆器，专门命苏州织造找人仿制，仿制成功脱胎菊瓣形朱漆盘与盏。其以丝绸为胎，壁薄如纸，厚不及1毫米，极为轻薄，色泽红润如珊瑚。乾隆帝见后龙颜大悦，写诗赞美，并命人将御制诗以隶书形式填金题刻在盘心。茶盏碗心的一首诗为："制是菊花式，把比菊花轻。啜茗合陶句，含露撷其英。"盘心的一首为："吴下髹工巧莫比，仿为或比旧还过。脱胎那用木和锡，成器奚劳琢与磨。博士品同谢青喻，仙人颜似晕朱酡。事宜师古宁斯谓，拟款搞吟愧即多。乾隆甲午御题。"这首诗的意思是：苏州的漆器制作工艺无比精巧，这件仿制的漆器比唐宋的还好。脱胎漆器既不用先制作木胎、锡

【名称】乾隆脱胎菊瓣形朱漆盘
【年代】清代
【现状】沈阳故宫博物院藏

胎，也不用费力地雕刻和琢磨。它受到博学之士们的纷纷赞赏青睐，博学之士们赞美它的色泽就像仙女脸上美丽的红晕。正所谓做任何事都要注意学习和借鉴，这方面我做得还不够，很惭愧，因此写诗刻款以提醒自己。乾隆甲午即乾隆三十九年（1774年），亲笔题写。

雕漆

雕漆是在木、金属等材料制成的器物胎骨上反复涂漆，层层积累到相当厚度后，再用刀在漆层上雕刻花纹的漆器。因漆层颜色不同，而分剔红、剔黄、剔绿、剔黑、剔犀等。剔红是以银朱入漆而成朱漆。剔犀主要产于山西新绛，技法多变，有黑间朱线，即以厚的漆层为主，间以薄的朱漆层；有红间黑带，即以厚的红漆层为主，间以薄的黑漆层；有三色更迭，即朱、黄、黑三色前后重叠。雕刻的图案大多为剑环、绦环、重圈、回纹、云钩等。

文献记载，唐代发明雕漆，但目前未见到唐代实物。宋代雕漆以北京故宫博物院收藏的剔红桂花盒为代表。

元代漆器工艺成就较大的是雕漆，出现了著名的艺人——张成、杨茂等人。从现存于北京故宫博物院的少数几件张成、杨茂款的剔红盒、盘、渣斗等器物看，图案构图丰满，刀法藏锋清楚，磨工隐起圆滑，风格浑厚，技艺水平极高。现藏于安徽博物院的张成造剔犀云纹漆盒，雕云纹3组，刀口深达1厘米，纹样回环流畅，光亮润泽，精美绝伦，是工艺史上的一级珍品。

雕漆是漆器中工艺最复杂、造价最高昂的，因此雕漆尤其是剔红，是明清两代宫廷漆器中最主要的品种。今天我们可以见到许多明清两代的宫廷造雕漆作品，以北京故宫博物院收藏的最多，流散在外的也不少。明代永乐至宣德年间（1403—1435年）的剔红，以著名的元代嘉兴西塘张成、杨茂的作品为榜样，由张成的儿子张德刚与包亮主持内廷果园厂官办漆作生产。器型以各式

【名称】剔红桂花盒雕漆
【年代】宋代
【现状】北京故宫博物院藏

【名称】张成造剔犀云纹漆盒
【年代】元代
【现状】安徽博物院藏

果盒、果盘为主，堆漆肥厚光亮，刀工圆润丰腴，与元代剔红同属工艺美术史上的珍品。成化、弘治年间（1471—1505年），内廷雕漆制品不多，器胎变薄，花纹疏朗，标志西塘派雕漆已进入尾声。嘉靖、万历年间（1522—1620年）的雕漆不少，但特点变为"刀不藏锋，棱不磨熟"，艺术价值逊

【名称】剔红山水人物圆盒
【年代】明代
【现状】中国国家博物馆藏

【名称】剔红柜
【年代】清代
【现状】中国国家博物馆藏

于永宣时期。

明朝末年，作为宫廷特有工艺的雕漆失传了。清乾隆四年（1739年），在乾隆皇帝的要求下，由雕竹名匠刻样，苏州织造管理下的漆作仿制成功，此后宫廷用雕漆大多由苏州制作。乾隆时，

雕漆器物种类极多，并向大件发展，除盘、碗、盒、匣、炉、瓶之外，还有屏风、宝座，乃至车辇舟船、亭台殿阁的模型陈设等。工艺风格上更加追求精工纤巧，刀工锋棱毕露，纹饰繁缛，在雕漆上镶嵌珐琅、玉雕、牙雕、镏金铜饰件等，富丽堂皇，但过于繁复，有损艺术价值。乾隆以后，宫廷可能不再要求制作雕漆器了，以至于后来慈禧太后要求进贡时，得到的回复是技艺失传。今天的雕漆工艺是清末、民国时期由修补宫廷雕漆发展到仿制而恢复的。

镶嵌漆器

漆器中，除了雕漆工艺最复杂、造价最高昂之外，其次就是镶嵌类的金银平脱、嵌螺钿和百宝嵌了。金银平脱漆器只在唐代盛行，即在漆器上嵌上金银片制成的图案，再罩上透明漆。由于成本过高，以致唐至德二载（757年）、大历七年（772年），朝廷下旨禁止制作。国内仅见中国国家博物馆的羽人飞凤花鸟纹金银平脱镜子，而日本法隆寺、东大寺却保存着许多完整精美的唐代金银平脱漆器。

螺钿器是用经过裁切的贝壳薄片镶嵌纹饰的漆器。西周时期，螺钿漆器的代表作是北京琉璃河燕国墓发掘出来的多件罍、豆、觚、壶、杯等。中国国家博物馆藏有1955年在河南洛阳唐墓中发现的人物花鸟纹镜。日本奈良正仓院也藏有唐代螺钿漆器五弦琵琶等。北宋宣和年间（1119—1125年），待诏画家苏汉臣在《秋庭婴戏图》中，描绘了薄螺钿漆木家具坐墩。宋元的螺钿器按照文献记载和图画的描绘，应该极为精美，但传世品很少，只有江苏苏州瑞光寺塔出土的黑漆嵌螺钿花卉经盒和元大都遗址出土的广寒宫图嵌螺钿黑漆盘残片。明朝末年，扬州的螺钿漆器最为有名，螺钿装饰不但更加纤细，而且不再是简单的花纹，而是发展为五彩缤纷的山水、人物、花鸟画面，出现了江千里、方信川等名家。明代最著名的螺钿漆器匠师是江苏扬州的江千里。中国国家博物馆收藏的文姬归汉图的小盘子，精心选用夜光螺等优质贝壳，将其剥离，裁切成纤细的点、线、片，然后一点一点地嵌贴于黑色漆器地上，再经罩透明漆、推光而成，作品五光十色、精致纤巧。

百宝嵌系用螺钿和各种玉石、象牙、翡翠、宝石、珍珠、玛瑙、珊瑚、蜜蜡、砗磲、沉香等珍贵材料以及椰子壳等镶嵌组成纹饰的漆器，故名"百宝嵌"。据

【名称】黑漆嵌螺钿文姬归汉图盘
【年代】明代
【现状】中国国家博物馆藏

记载，百宝嵌是扬州人周翥发明的。清代乾隆年间的百宝嵌名工有王国琛、卢映之、夏漆工等。另外，卢映之的孙子卢葵生除了擅长制作百宝嵌之外，其所制漆砂砚也名震一时。清代，百宝嵌以绚丽豪华的装饰效果在宫廷中被格外青睐。清宫中的百宝嵌，除地方官吏进贡，或由宫廷画样，交由扬州承做的之外，大多数作品是由造办处制造。百宝嵌是一种具有综合性特点的复合工

【名称】黑漆百宝嵌萱草花笔筒
【年代】明代
【现状】北京故宫博物院藏

艺美术品，要求各工种间相互配合，木漆器需要制造，玉、玛瑙、青金、翡翠、宝石需要琢磨，象牙、犀角、玳瑁需要精雕细刻。造办处得天独厚的优势为这种多种工艺结合的制品提供了最为方便的条件。宫中的百宝嵌制品很多，应用范围广泛，除常见的盒、匣、奁、文房用具、插屏、挂屏等小型物品外，还有大型衣箱、立柜等。清宫的百宝嵌用料珍贵丰富，并且主要使用在紫檀木器上，而不像民间百宝嵌是使用在漆器上。所以严格来说，清宫百宝嵌应该不属于漆器类。百宝嵌图案的题材内容广泛，有各种寓意吉祥长寿的花鸟图案，以及人物众多的献宝图等，充分展现出百宝嵌工艺的富丽豪华。但有些作品由于一味追求华丽，显得杂乱不堪。相比之下，扬州的黑漆地百宝嵌用料种类少，贵重材料更少，而纹饰构图却简洁疏朗。

描金和戗金

描金是直接用笔在漆器上描绘图案，戗金是在朱色或黑色的漆器上用特制的工具戗刻图案的阴纹，然后再填以金粉或银粉。

识文描金是先以稠漆堆起花纹，然后再用金彩描绘。这类漆器最为精细华美，是漆器艺术的精品。识文描金在日本被称为莳绘，所制最精。日本的莳绘是受了中国描金漆器的影响而发展起来的，在发展过程中不断提高艺术水平，又反过来影响中国的描金漆器。明代宣德年间（1426—1435年），漆工杨氏受命赴日本学习莳绘漆，回国仿制，其子杨埙从学，所制足以乱真。另有漆工蒋回回也擅仿莳绘漆。清代时，苏州仿莳绘漆极盛，金漆辉映，富丽堂皇，当时称为"洋漆"，精美者有北京故宫博物院收藏的黑漆描金包袱式盒。雍正、乾隆时期的紫檀家具也有很多描金装饰，极为精致。这个时期的漆器更多的是描金、贴金与彩绘及堆漆等技法相结合，即所谓的斑斓、复饰、纹间制品。这类漆器最为精细华美，与百宝嵌一样，最能代表我国18世纪工艺美术的风格；代表性器物很多，如彩绘描金手炉、识文描金瓜形盒、彩绘描金包袱式盒、识文描金海棠形攒盒。

戗金漆器是与雕填、款彩工艺近似并常结合使用的传统漆器品种。这种漆器的制造融雕漆的刀功、彩漆的调色、泥金漆的艺术为一体，工艺复杂，作品色彩富丽且经久不变，颇受

【名称】黑漆描金包袱式盒
【年代】清代
【现状】北京故宫博物院藏

人们的喜爱。如江
苏武进林前宋墓
出土的人物花卉
奁，在盖面戗刻
两高髻妇人挽臂
漫步园中，立面戗刻
折枝花卉；浙江瑞安慧光
塔出土的描金雕漆盒，在盒
中心用描金绘出人物、波涛、火焰、散
花等图案纹样。元代时，戗金漆器更加
发达，出现了著名艺人——彭均宝。他
用细针戗出山水、人物、亭观、花木、
鸟兽纹，然后填入金漆，是现今所知最

【名称】识文描金海棠形攒盒
【年代】清代
【现状】北京故宫博物院藏

【名称】款彩通景大屏风
【年代】明末清初
【现状】美国大都会艺术博物馆藏

早的填漆艺人。此外，他还创造了在填金漆图案空地上錾出圆圈纹的攒犀漆器、滑地如仰瓦的光犀漆器、坚薄而色如胶枣的枣儿犀漆器、滑地圆花的福犀漆器等。不过元代戗金漆器多流往日本，国内很少见。在明代嘉靖、万历两朝的宫廷制品中，戗金漆器的数量仅次于雕漆器，留传到今天的不少，有箱子，盘，银锭、方胜等式样的盒。清乾隆时，宫廷中有少数盒子采用戗金技法制造。另外，明末清初时，有许多以此制成的通景大屏风传世，图案有百鸟朝凤、玉堂富贵、松鹤延年等，背面往往为百寿字，多为康熙款，可惜此类屏风大多流落海外。

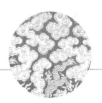

丝织工艺

中国丝织工艺以历史悠久、技术先进、制作精美著称于世。中国是世界上最早养蚕缫丝的国家。在北京周口店山顶洞人遗物中，存有约公元前1.6万年的骨针，说明远古时候的中国人已开始缝纫。人们采集野生的葛、麻、鸟兽毛羽，搓、编、织成粗陋的衣服，以取代蔽体的草叶和兽皮，后逐步学会了种麻、育蚕抽丝。中国古代丝织品种主要有绢、纱、绮、绫、罗、锦、缎、缂丝等。

丝绸故乡

丝绸是世界闻名的中国特产。传说，炎帝神农氏教人织丝麻为布帛，黄帝的妻子嫘祖养蚕缫丝制衣裳。浙江吴兴钱山漾新石器时代遗址出土的丝织品残片，距今5000年左右，是最早的丝织品实物。

原始织布示意图

蚕茧   蚕丝   染色蚕丝

蚕、柔、丝、帛等字，以及用"纟"作为偏旁组成的许多衣物文字，在商代甲骨文中就出现了。丝帛在早期的商品交换中只是一种价值媒介。据西周留鼎铭文，当时，1束丝加1匹马可换5个奴隶。《周礼·考工记》中"设色之工"一篇对中国古代练丝、练帛、染色、手绘、刺绣工艺以及织物色彩和纹样等都做了较为详细的记录。长沙马王堆汉墓出土的素纱禅衣，重量仅为49克，是我国古代丝绸中最轻薄细软的一种。从唐代画家周昉的《簪花仕女图》中，我们可以看到仕女身上披的这种薄如蝉翼的罗纱。

【名称】周昉《簪花仕女图》局部
【年代】唐代
【现状】辽宁省博物馆藏

织锦

在锦、缎、绸、绫、绢、罗、纱等各种丝绸品种中，工艺最复杂、价值最大和最美观的品种为锦，故人们常以织锦与刺绣比喻美丽或美好的人或事物，如锦绣山河、锦绣江南、锦绣华章、锦绣前程……

锦为彩色提花丝织物，古代的织锦是被统治阶级垄断的奢侈品，古书上说到纣王时，就有"锦绣绍好""锦绣被堂""妇女衣绞执"等。从周朝到汉朝，常发布公告，禁止买卖和平民穿着织锦。古代即便是贵族的衣服，也极少是完全使用贵重的织锦制成的，一般是"衣作绣，锦为缘"，即用花纹精细的织锦做窄窄的衣服边缘；用纱、罗、绸、缎等不同薄厚质地的丝绸做大面积的主料，上面再随意刺上花纹。

织锦工艺有着3000多年的历史，周代已能织出有各种纹饰的锦。春秋战国时期，各诸侯国之间进行外交活动，在相互赠送的国礼中，就把美锦与黄金、白璧、文驷并提。汉朝时，一般的绢帛每匹价格为六七百个铜钱，而上等锦绣每匹要2万个铜钱。秦汉时期，织锦技术又有很大的提高和发展。汉朝时，陈宝光的妻子创提花织机；三国时期，马钧改造提花织机，大大提高了织造效率，其功能是可以按事先设计好的程序，使经纬线交错变化，从而织出预定的图样。

由于丝绵织物不易保存，所以只留有从商周遗址出土的黏附在青铜器上的一些织物残迹。长江中下游各地出土的战国和两汉时期完整的丝织物较多，这可能与地理环境及墓室结构提供的较好的保存条件有关。其中，以江陵楚墓、长沙马王堆汉墓出土的丝麻纺织品数量最多，花色品种最为齐全精美。

丝绸之路

　　精致华贵的丝织品，通过陆上和海上丝绸之路远销亚欧各国，使我国成为世界上享有盛名的丝绸之国。早在马其顿亚历山大大帝征服波斯王国时，他们就发现波斯宫廷和波斯国王大流士三世使用丝绸。在发生卡莱战役的幼发拉底河附近，古罗马军团的人惊奇不已地看到，逃跑的帕提亚帝国的旗帜非常亮丽。在古罗马时代，丝绸是罗马人的奢侈布料。公元前30年，埃及被征服后不久，古罗马和亚洲之间的正常贸易开始了，这种贸易主要是以罗马人对来自远东丝绸的欲望为动力。古希腊和古罗马地理学家、历史学家称中国为"赛里斯"（拉丁文：Seres），意为丝国、丝国人，Seres原意是"有关丝的"，一般被认为是源于中国字"丝"的音译。在古罗马作家、科学家老普林尼的著作《自然史》中，就有许多关于丝绸制品和丝绸贸易的记载："遥远的东方丝国在森林中收获丝，经过浸泡等程序的加工，出口到罗马，使得罗马开始崇尚丝制衣服。"老普林尼也曾估算过罗马与东方诸国的贸易额："保守估计，印度、中国和阿拉伯半岛每年可以通过贸易从罗马帝国赚取10000万塞斯特斯的利润，这便是我们罗马帝国的妇女每年用作购买奢侈品的花费。"进口丝绸制品导致大量黄金从罗马流向其他国家，罗马元老院决定出台一些法令来禁止人们穿戴丝制衣物。

　　汉元狩四年（公元前119年），汉武帝派张骞第二次出使西域，波斯帕提亚王朝国王令2万骑兵前行数千里，在东部边境城市木鹿城迎接汉朝使节。元鼎二年（公元前115年），张骞回朝，帕提亚国派使臣随同回长安。东汉时期，班超出使波斯，他派副使甘英出使罗马，行至波斯湾，帕提亚的向导进言：前行渡海，风大浪险，路途遥远，需带3年粮食才可。甘英信以为真，半途而归。其实，从波斯湾到罗马帝国很近，而且地中海风平浪静。那么帕提亚为什么要阻止汉帝国与罗马帝国接触呢？因为帕提亚要控制丝绸之路，垄断东西方的丝绸贸易。

直到552年，拜占庭皇帝查士丁尼一世才获得了首批桑蚕卵。查士丁尼一世派出了两位聂斯脱利修道士到中亚，他们把桑蚕卵藏在竹罐里偷运回来。凭借这批桑蚕卵以及运用从萨桑王朝学到的技术，拜占庭教堂能给皇帝制造丝绸织物了。

唐锦

波斯的萨桑王朝时期，波斯人不但继续开展以丝绸为主的东西方贸易，而且开始自己学习丝织工艺。波斯丝织品有令人惊叹的活力和精巧的手艺，不仅供应国内，而且远销欧洲。富有特色的波斯图案花纹很受欢迎，最典型的图案是以大圆团花为主体，四周连接着无数小圆花，经过巧妙的安排，形成填满圆形空间的装饰。常见题材是带翼怪兽、猎手，人物、马匹和野兽被巧妙地安置在圆形空间里，构成完美的对称图案。

萨桑王朝的纺织品在埃及，乃至远东也备受欢迎，各地都有不少仿制品。

中国唐王朝时著名的陵阳公样是中国传统的装饰纹样之一，即唐朝益州（今四川一带）大行台、陵阳公窦师伦设计的对雉、斗羊、翔凤、游麟四种花环团窠纹图案。日本法隆寺珍藏的四天王狩猎纹锦被定为国宝级文化财产。该锦长250厘米，宽130厘米，饰连珠团窠纹，每个团窠纹之间饰十字唐草纹；以菩提树为中心，有左右对称的四位骑士，头戴饰有日月纹的王冠，骑着带翅的天马，马腿上有"吉""山"两个中文字。据说，此锦是7世纪后期由中国唐

朝所制，由日本遣唐使带回日本，曾是圣德太子
的"御旗"。四天王狩猎纹锦中的四骑士，与波
斯银器上刻的头戴王冠的萨桑王沙普尔二世骑马
射狮的形象十分相似。

【名称】四天王狩猎纹锦
【年代】唐代
【现状】日本法隆寺藏

三大名锦

　　蜀锦、宋锦和云锦被誉为三大名锦。直到今天，保持鲜明纹样艺术特色
的三大名锦仍然作为我国著名的特种传统工艺在生产着。

蜀锦

　　蜀锦，因产于四川成都而得名。蜀锦用色丰富艳丽，尤以真红地为最大
特点。除了继承唐代陵阳公样之外，宋代又增加了天下乐、盘龙、大窠狮子、

真红穿花凤、真红聚八仙、青红雪花球路等70余种纹样。

宋锦

宋代以后，中国织锦在织造、纹饰、色彩等方面形成了代表不同时期和不同地方风格的多种类型。

宋代以苏州、杭州和湖州为中心的江浙一带生产的织锦，相对于富丽的蜀锦具有清秀典雅的特点，更具中国特色，也更受文人喜爱。明清两代直至今天，苏州一直织造这种风格的织锦，称为宋锦或仿宋锦、宋式锦。宋锦的特点是最为典雅，纹样以各种精细、复杂、组合巧妙的几何纹为主纹，最主要的就是四达晕、六达晕、八达晕。此外，还有球路、龟背、叠胜、席纹、金钱、乐字等多种纹样。

【名称】蓝地八达晕宋锦
【年代】清代
【现状】北京故宫博物院藏

而最高级精美的是在八达晕等几何纹的地纹上加上各种鸟兽、花草等组成吉祥图案，称为"锦上添花"的天华锦。宋锦的用色很讲究，富有特色，即"活色"配色法。色彩的种类不多，但色阶多，而且以各种冷色为主，因此艳而不火，繁而不乱，变化丰富，特别雅致。

云锦

元代创造了蒙古贵族喜爱的织金锦，蒙古人称其为"纳石失"，即以金缕或金箔切成的金丝作为纬线织制的锦。明清时期，南京生产的织金锦，尤其是织金妆花，即在罗、纱、锦、缎等各种质地的料子上织出五彩缤纷的花纹，因色彩灿烂、美如云霞而得名云锦。南京云锦织造技艺于2009年10月被联合国教科文组织列入《人类非物质文化遗产代表作名录》。

云锦是最高档次的产品，代表中国纺织技术的最高水平。不但用料贵重，而且极其费工，是用5.6米长、4米高、1.4米宽的大花楼木质提花机，由上、下两人配合操作生产出来的。云锦生产工艺过程极其繁杂，工序很多，每道工序的工艺都有很多谜一样的诀窍。两人一天仅能织寸许，所以被称作"寸锦寸金"。云锦织造上常用浓艳的色彩和两晕色及三晕色的配色方法，再以大白相间，金线绞边，以达到金碧辉煌的效果。因此云锦是明清皇家用料的主要品种，主要用于皇帝龙袍，皇后凤衣、霞帔，嫔妃的丽装靓服，宫廷装饰及座、褥、靠垫、枕被等实用品。云锦有时还作为朝廷礼品，馈赠外国君主和使臣以及赏赐大臣和有功之人。

《红楼梦》的作者曹雪芹，不愧为一位多才多艺的大作家。在《红楼梦》这部被誉为"封建社会百科全

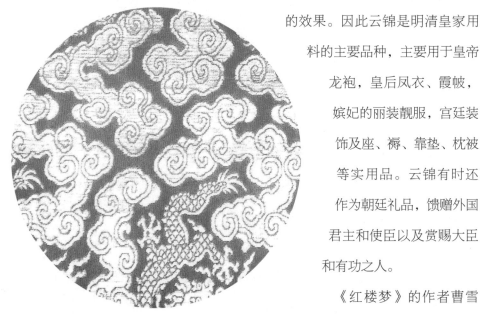

【名称】红地织金云龙云锦
【年代】清代
【现状】中国国家博物馆藏

【名称】红地缠枝莲织金妆花纱夹袄
【年代】明代
【现状】北京定陵博物馆藏

书"的长篇小说中，他不但把各式各样的人物塑造得活灵活现，而且精于状物。从大观园的设计意境到四季花木的栽培育养，从贵族们的衣物用具到琴、棋、书、画，治病吃药，莫不描述得头头是道，特别是对各类丝织品的描写，更是极其专业。这也难怪，因为曹雪芹的曾祖父曹玺、祖父曹寅、父辈（曹颙、曹頫）三代先后担任南京江宁织造达65年，曹雪芹就出生在南京的江宁织府。江宁织造是清代专门负责为皇家制作纺织品的官职。

《红楼梦》第五十二回"俏平儿情掩虾须镯，勇晴雯病补雀金裘"中写了一件贾母送给宝玉，晴雯为之抱病织补的"雀金裘"。这件华贵珍稀、工艺复杂的"雀金裘"究竟是什么样子呢？应该是以云锦中最贵重的品种——孔雀羽织金妆花缎为面料的一件裘皮大衣。孔雀羽织金妆花缎，是将孔雀羽毛（捻成线）织进锦缎中，织造工艺非常精巧而复杂。中国国家博物馆收藏的康熙皇帝的织金孔雀羽妆花纱龙袍，是在蓝色起暗花的纱地上，用彩绒织出五彩祥云，用金线织出龙纹，用孔雀羽线勾勒龙鳞；定陵出土的万历皇帝的红地织金妆花孔雀羽团龙罗袍，是在红色起暗花的罗地上，用孔雀羽线织出团龙纹，用彩绒织出五彩祥云，用金线勾勒轮廓。

【名称】织金孔雀羽妆花纱龙袍局部
【年代】清代
【现状】中国国家博物馆藏

【名称】红地织金妆花孔雀羽团龙罗袍局部
【年代】明代
【现状】北京定陵博物馆藏

中医中药

　　我们的祖先在长期的实践中积累了丰富的治病经验和独特的治疗方法。历代名医辈出，加之丰富的典籍和资源，使中国享有医学宝库之誉。中国古代仅医药学著作现存就有8000多部。

　　历史上有"神农尝百草，一日而遇七十毒"的传说，反映了古代劳动人民在与自然和疾病做斗争的过程中，发现药物、积累经验的艰苦过程。中药也称为本草。

源远流长的历史

　　中医理论的奠基之作《黄帝内经》，是我国第一部最重要的医学著作。此书采用黄帝问、岐伯答的形式表述医学见解。黄帝为华夏族的始祖，姬姓，号轩辕氏、有熊氏。岐伯为黄帝的大臣，故后世称中医为岐黄之术。

　　战国时的名医扁鹊以精通针灸而著称于世。汉武帝刘彻的哥哥中山靖王刘胜墓中，出土了4枚金针、5枚银针、"医工盆"以及小型银漏斗、铜药匙、药量、铜质外科手术刀等，组成了迄今发掘出土的质地最好、时代最早、保存最完整的一整套西汉时期医疗器具。东汉末年的名医华佗用"麻沸散"做全身

华佗画像

麻醉，进行外科手术，当时这在世界上是很杰出的成就。东汉张仲景的《伤寒杂病论》把理论与临床实践更具体、紧密地结合起来。汉代编写的《神农本草经》是现存最早的中药学专著，载有365种药物。隋代正式设立太医署，这是世界上最早的国立医学教育机构。唐代道士、著名医家孙思邈活了100多岁，著有《千金方》，被后世尊为"药王"。明代李时珍的《本草纲目》载药1892种，是世界药学名著。

简便而准确的诊断手段

　　望、闻、问、切是中医诊断疾病的独特手段。望，是观察病人的发育情况、面色、舌苔、表情等。面部、舌质、舌苔与脏腑的关系非常密切，如果脏腑阴阳气血有了变化，就必然反映到体表上。闻，是听病人的说话声音、咳嗽、喘息，并且嗅出病人的口臭、体臭等气味。问，是询问病人自己所感到的症状、以前所患过的病等。切，是用手诊脉或按腹部有没有痞块。切脉时，要考察的不仅仅是脉管本身的情况和跳动次数，还要通过脉搏负载的信息，来判断病发脏腑及其他与患病有关的因素。

独特神奇的治疗方法

中医有很多重要的医学发现和医学发明，其中最重要的就是发现人体经络现象和发明用针灸治病。

远古时期，人们偶然被一些尖硬物体，如石头、荆棘等碰撞了身体表面的某个部位，会出现意想不到的疼痛被减轻的现象。古人开始有意识地用一些尖利的石块来刺身体的某些部位或人为地刺破身体，使之出血，以减轻疼痛。早在新石器时代，人们已能够制作出一些比较精致的、适合刺入身体以治疗疾病的石针，这就是最古老的医疗工具——砭石，也是针灸的开始。

长沙马王堆三号墓出土的医学帛书中有《足臂十一脉灸经》和《阴阳十一脉灸经》，论述了十一条脉的循行分布、病候和灸法治疗等。《黄帝内经》已经形成了完整的经络系统，即有十二经脉、十五络脉、十二经筋、十二经别以及与经脉系统相关的标本、根结、气街、四海等，并对腧穴、针灸方法、针刺适应证和禁忌证等也做了详细的论述。尤其是《灵枢》记载的针灸理论更为丰富而系统，所以《灵枢》是对针灸学术的第一次总结，其主要内容至今仍是针灸的核心内容，故《灵枢》又称为《针经》。

2013年，针灸被联合国教科文组织列入《人类非物质文化遗产代表作名录》。

《黄帝内经》："针所不为，灸之所宜。"这就是说，对于不适于扎针的患者，可以使用艾灸的方法。

灸法产生于火的发现和使用之后。远在百万年前，在用火的过程中，人们就发现身体某部位的病痛经火的烧灼、烘烤，能得以缓解或解除，继而学会用兽皮或树皮包裹烧热的石块、沙土进行局部热熨，后来逐步发展为以点燃

【名称】《村医图》
【年代】宋代
【现状】台北故宫博物院藏

树枝或干草烘烤来治疗疾病。经过长期的摸索，选择了易燃而具有温通经脉作用的艾叶作为灸治的主要材料，于体表局部进行温热刺激，从而使灸法和针刺一样，成为防病、治病的重要方法。由于艾叶具有易于燃烧、气味芳香、资源丰富、易于加工贮藏等特点，因而后来成为最主要的灸治原料。

现藏于台北故宫博物院的宋代《村医图》，描绘的是乡村郎中为老翁治病的情况：郎中坐在小板凳上，用艾条熏灼患者的背部；患者的痛苦之状跃然纸上；亲属扶着患者，不让他动弹；小儿害怕地躲在大人背后，虽然不敢看，但又好奇；郎中身后一人手持一贴膏药，正准备给病人贴敷。

针灸铜人

北宋初，有一些前世的针灸书籍流传于世，但是错误百出，容易误导他人。为了改变这种状况，宋仁宗赵祯诏令翰林医官院医官、尚药典御王惟一，考证针灸之法，铸造针灸铜人，作为针灸之准则。

天圣五年（1027年），王惟一带人制成了两个铜人。这两个针灸铜人，高度跟成年男子一般，外壳可以拆卸，胸腹腔也能够打开，可以看见腹腔内的五脏六腑，位置、形态、大小比例都基本准确。在铜人身体表面刻着人体14条经络循行路线，各条经络之穴位名称都严格按照人体的实际比例详细标注。两个铜人铸成后，一个放在翰林医官院，用于学医者观摩练习；另一个放在汴京大相国寺仁济殿，供百姓参观。针灸铜人的制成，使经穴教学更为标准化、形象化、直观化，很快针灸铜人就成为针灸教学的模型，对于指导太医局里的学生学习针灸经络穴位非常实用。

宋代每年都在医官院进行针灸医学会试。会试时，将水银注入铜人体内，在体表涂上黄蜡，完全遮盖经脉穴位，应试者只能凭经验下针。只要准确扎中穴位，水银就会从穴位中流

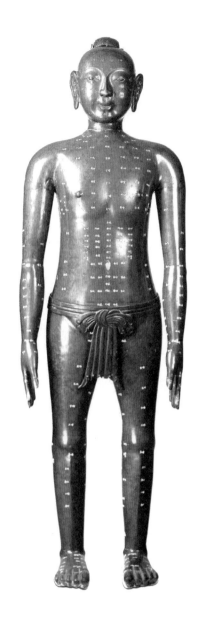

【名称】针灸铜人
【年代】明代
【现状】中国国家博物馆藏

天工人巧日争新

141

出。医学史书把这一奇特的现象称为"针入而汞出"。宋天圣针灸铜人是中国乃至世界上最早铸成的针灸铜人，它开世界上用铜人作为人体模型进行针灸教学的先河，在海内外引起极大关注。

蒙古太宗四年（1232年），蒙古军队进攻金国的都城汴京。蒙古太宗六年（1234年），金国灭亡，蒙古趁机派遣使节到南宋威逼索要针灸铜人。南宋朝廷惧于蒙古的势力，只得将宋天圣针灸铜人献出。明朝建立后，宋天圣针灸铜人屹立在明朝太医院内。正统八年（1443年），宋天圣针灸铜人身上的穴位已经模糊难辨。明英宗下令严格依照宋天圣针灸铜人复制一个新铜人，复制成功后，被称为"明正统仿宋天圣针灸铜人"，简称"明正统铜人"。然而就在明正统铜人铸成后，宋天圣针灸铜人却突然间没了踪迹。明正统铜人是现存最早的针灸铜人，是考察宋天圣针灸铜人以及后世针灸铜人源流的依据。

中药

中药资源有得天独厚的丰富蕴藏，目前全国已开发的有12807种，常用品种有600多种，品种之多、数量之大，居世界首位。中药的命名依据多种多样，有以产地命名的，如川芎、川贝、云茯苓、吉林人参、怀山药等；有以药物颜色命名的，如红花、黄连、青黛、紫草、白芨等；有以药物气味命名的，如麝香、丁香、鱼腥草等；有以药物味道命名的，如苦参、酸枣仁、甜杏仁、五味子等；有以药物生长季节命名的，如夏枯草、冬虫夏草等；有以药用部位命名的，如白茅根、桑叶、金银花、藏青果、枳实等；有以药物功效命名的，如益母草、泽泻、防风、决明子、透骨草等。

中药大多来源于天然药，毒副作用小，且一味药物含多种成分，能广泛治疗多种疾病。中药多采取复方的形式应用，通过合理的配伍组方，既可适应复杂病情，又能提高药效，降低毒副作用。

皇家药柜

中国国家博物馆收藏的明万历年间的皇家御用药柜，是明代太医院专用的，原来就存放在太医院御药局御药库。药柜制作精美实用，通体髹黑漆，正面及两侧饰描金双龙纹，背面及柜内饰描金花蝶纹，四足镶铜下脚。柜为双开门，内有八方旋转式药屉80个，每屉盛1种药；两侧各有长屉10个，每屉分3

【名称】黑漆描金龙纹药柜
【年代】明代
【现状】中国国家博物馆藏

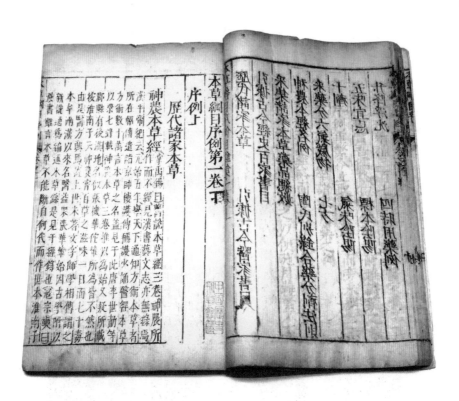

格放药，屉面贴泥金标签，写有药名，比如"参苓

白术丸"，这种药是宋代的方子，由莲子肉、薏苡

仁、砂仁、桔梗、白扁豆、茯苓、人参、甘草、白

【名称】李时珍《本草纲目》
【年代】明代
【现状】中国国家博物馆藏

术、山药组成，用于治疗脾胃虚弱、食少便溏、气短咳嗽、肢倦乏力。

　　全柜能放140种药，柜下有3个大屉，供放置取药工具及方剂，柜背用泥

金书"大明万历年制"款。著名的中医药学家李时珍曾在嘉靖三十七年（1558

年）在太医院任职1年，有机会出入御药库，见识了许多珍贵的药物，扩充了

药物学知识，对撰写《本草纲目》无疑起到了一定的辅助作用。